普通高等教育规划教材

化工装置综合训练
——化工类专业实习实训培训教材

黄裕娥　主编　　童阜广　副主编

张小军　主审

化学工业出版社

·北京·

本教材共有 7 个章节，内容包括安全教育、均苯四甲酸二酐装置运行、甲醇装置运行、抗氧防老剂 4720 装置运行、化工设备的认知、现场仪表及集散控制系统、化工"三废"处理和利用。在实施教学的过程中可以根据实践项目的性质、目标及层次的需要，合理选择培训模块，以形成与不同实践环节相适应的教学内容。

本书作为高等学校化学工程专业下的各个专业、自动控制类和机械类专业部分专业的认识实训、生产实训、专业实训教材，也可作为相关专业技术人员参考用书。

图书在版编目（CIP）数据

化工装置综合训练/黄裕娥主编 . —北京：化学
工业出版社，2019.2（2024.11重印）
普通高等教育规划教材
ISBN 978-7-122-33448-0

Ⅰ.①化… Ⅱ.①黄… Ⅲ.①化工设备-操作-高等
学校-教材 Ⅳ.①TQ05

中国版本图书馆 CIP 数据核字（2019）第 001547 号

责任编辑：张双进
责任校对：杜杏然　　　　　　　　　　　装帧设计：王晓宇

出版发行：化学工业出版社（北京市东城区青年湖南街 13 号　邮政编码 100011）
印　　装：河北延风印务有限公司
787mm×1092mm　1/16　印张 9¾　插页 9　字数 247 千字　2024 年 11 月北京第 1 版第 7 次印刷

购书咨询：010-64518888　售后服务：010-64518899
网　　址：http://www.cip.com.cn
凡购买本书，如有缺损质量问题，本社销售中心负责调换。

定　　价：30.00 元

高等职业教育是国民教育体系和人力资源开发的重要组成部分，肩负着培养高水平技能型人才的重要职责。高职教育的目标是使受教育者具备从事某一特定的职业所必需的知识和技能，培养出懂技术、会管理的生产一线的高级技能型人才。

基于这一目标，南京科技职业学院立足化工，对接产业、对接岗位、对接技术、对接文化、对接能力、对接未来，建设了三套虚实结合的实训装置、开发了匹配工况的仿真软件，研制了自主产权的仿真仪表，打造了渗透教学的企业文化，构建了内容多样的实训体系，建设了功能丰富的智慧平台。项目成功入围江苏省区域共享型实训基地建设项目，在满足本校化学工艺类学生的实训基础上，学校秉持"开放共享 合作共赢"的理念，每年为国内 40 多所本科、高职院校及企业提供化工实训教学服务，彰显职业教育优势。

高职教育中化学工艺类专业培养的学生，一方面要熟悉化工企业的安全与消防措施，理解化工生产工艺流程原理，识读工艺流程图及自控工程施工图，掌握化工生产机械设备的结构与功能；另一方面要学会化工装置开停车的操作方法，熟悉现场仪表和 DCS 控制系统的检修与维护、设备的选型与基本保养能力。

实训教学过程，力求以职业活动为导向、以能力为目标、以学生为主体、以素质为基础、以具体工作任务为模块，用理论和实践一体化的教学模式来实践。学生以刚入厂新员工的角色，指导教师以师傅的角色来实施认识实习、专业实习或顶岗实习等实践环节的教学过程。

在真实化工企业工厂环境下，通过"角色扮演""任务驱动"等训练模式，学生通过"化工安全教育""装置流程""装置仿真操作""装置开停车操作""装置事故处理"等多种能力训练实施过程，体验到化工企业工作性质与要求，掌握工作岗位所必备的知识与技能。

学生在完成与工作岗位相关的工作任务的过程中深化理解并综合运用相关专业知识，全面提升自己的专业技能和操作能力。同时，通过进行多种专业岗位知识与技能的训练，学生可以实现从被动的学习参与者到主动工作的职业人的转换，从而完成学习与工作零距离的对接。

本教材共有 7 个章节，每个章节针对三个典型工艺，又包含典型工艺中共性部分：安全教育、化工设备、现场仪表及集散控制系统、"三废"处理工艺。在实施教学的过程中可以根据实践项目的性质、目标及层次的需要，合理选择培训模块，以形成与不同实践环节相适应的教学内容。

本教材由南京科技职业学院黄裕娥担任主编，童阜广担任副主编，张小军主审。张东海编写了第 1 章、第 5 章；黄裕娥编写了第 2 章、第 3 章；童阜广编写了第 4 章、第 7

章、附图；王恒强编写了第 6 章；李亮、王洪波、蔡艳、于杰补充部分内容；全书由黄裕娥进行整体内容设计并完成统稿。

在本教材的编写过程中得到了南京科技职业学院工程训练中心主任卢忠东，南京科技职业学院生物与环境学院院长、教授仓理，南京科技职业学院化工与材料学院教授郑根武，惠生(南京)化工有限公司生产副总、高级工程师席文洪，天津大学化学工程专业庞恬婷同学的大力支持，在此一并表示感谢！

由于编者水平有限，书中难免存在不足之处，欢迎批评指教。

编者
2018 年 11 月

目 录
CONTENTS

第 7 章 化工"三废" 处理和利用 / 139

工作任务向导

一、 学习情境

均酐（均苯四甲酸二酐）装置、甲醇装置、抗氧防老剂 4720 装置。

实习周数：1～6 周。

角色分配：教师—师傅，学生—徒弟。

二、 课程目标

（一）课程总目标

以能力目标为主线，以知识目标为基础，以素质目标为拓展，以"理实结合、注重实践"为原则，培养化工企业一线需要的熟练技术人员。

（二）具体目标

1. 知识目标

（1）了解化工生产过程的基本特点，掌握化工生产安全常识。

（2）熟悉典型装置生产原料、产品、性质和主要用途。

（3）理解均酐工艺、甲醇工艺、加氢工艺原理。

（4）掌握化工生产过程相关机械设备的作用、特点。

（5）熟悉典型工艺生产过程的操作方法，理解工艺参数对化学反应过程的重要性。

（6）了解集散控制系统的概念、组成结构、DCS 系统的通信知识。

2. 能力目标

（1）能识读化工生产装置带控制点的工艺流程图。

（2）能按操作规程进行典型化工装置的冷态开、停车。

（3）能运用所学理论知识及实际操作技能，对典型生产事故原因进行分析。

（4）能制定典型化工装置的控制方案。

3. 素质目标

（1）养成敬业爱岗、乐于奉献的良好职业道德；

（2）培养团结协作、互相帮助的团队精神；

（3）具备注重化工安全生产、环境保护及卫生防护职业素养；

（4）具备化工企业遵章守纪的职业道德；

（5）养成正确使用仪器设备、胆大心细、规范操作的习惯；

（6）具备发现、分析和解决问题能力。

三、 课程模块

本课程模块根据培训时间与侧重点进行优化组合，化工装置综合训练教学模块表，见表 0-1

表 0-1 化工装置综合训练教学模块表

培训模块	贯穿项目	工作任务
安全教育模块	化工企业安全生产工作准备教育	化工企业工作环境的认识
		化工企业安全生产规程的认识
		消防安全的认识
		危险化学品安全的认识
工艺认知模块	均酐工艺生产原理	氧化工段原理、流程
		水解工段原理、流程
		干燥工段原理、流程
		脱水工段原理、流程
		升华工段原理、流程
	甲醇工艺生产原理	气化工段原理、流程
		变换工段原理、流程
		净化工段原理、流程
		合成工段原理、流程
		精馏工段原理、流程
	抗氧剂 4720 生产原理	抗氧防老剂 4720 工艺原理、流程
仿真操作模块	均酐装置仿真操作	氧化工段开停车、事故处理
		水解工段开停车、事故处理
	甲醇装置仿真操作	气化工段开停车仿真操作
		变换工段开停车仿真操作
		净化工段开停车仿真操作
		合成工段开停车仿真操作
		精馏工段开停车操作
	抗氧剂 4720 仿真操作	抗氧防老剂 4720 开停车仿真操作
模拟实操模块	均酐装置开、停车操作	进料岗位开停车操作
		氧化岗位开停车操作
		熔盐岗位开停车操作
		捕集岗位开停车操作
		水洗岗位开停车操作
		水解岗位开停车操作
	甲醇装置开、停车操作	气化工段开停车操作
		变换工段开停车操作
		净化工段开停车操作
		合成工段开停车操作
		精馏工段开停车操作
	抗氧防老剂 4720 装置开停车操作	抗氧防老剂 4720 岗位开停车
化工设备认知模块	工艺设备选择	化工设备的认识与选择
		化工设备的维护与保养
现场仪表及集散控制系统模块	现场仪表的选型与认识	自动控制系统的认识
		现场仪表的认识
		集散控制系统体系结构的认识
"三废"处理模块	化工"三废"处理和利用	化工对环境污染的认识
		化工"三废"的处理方法
		典型均酐工艺"三废"处理技术

四、 实训考核

本课程采用"过程考核＋成果考核＋笔试考核"相结合的方式进行，注重并加强过程考核。考核内容由安全知识与专业技能考试、操作过程考核、成果质量评价三个部分组成。安全知识与专业技能考试是在实习开始与结束前进行，考试实行百分制，60 分为合格。

1.1 化工企业工作环境

1.1.1 化工生产企业的特点

化工生产，从原料到产品，包括工艺过程中的半成品、中间体、溶剂、添加剂、催化剂、试剂等，绝大多数属于易燃易爆物质。它们又多以气体和液体状态存在，极易泄漏和挥发。尤其在生产过程中，工艺操作条件苛刻，有高温、深冷、高压、真空，许多加热温度都达到和超过了物质的自燃点，一旦操作失误或因设备失修，便极易发生火灾爆炸事故。除了易燃易爆的特点外，许多化工物料还具有毒性和腐蚀性，它们以气体、液体和固体三种状态存在，并随生产条件的变化而不断改变原来的状态，如果不注意防控，很容易发生事故。此外，在生产操作环境和施工作业场所，还有一些有害的因素，如工业噪声、高温、粉尘、射线等。对这些有毒有害因素，要有足够的认识，采取相应措施，否则不但会造成急性中毒事故，还会随着时间的增长，即便是在低浓度（剂量）条件下，也会因多种有害因素对人体的联合作用，影响职工的身体健康，导致发生各种职业性疾病。

1.1.2 化工生产企业安全的重要性

虽然化工生产安全隐患多，但也是可控可防的。因此，在进行化工产品的生产之间，认识和掌握相关的安全知识是十分必要的。化工生产过程中涉及的原料、产品和催化剂等具有易燃、易爆、有毒等特点；生产分为多个工段，生产需要用到高温、搅拌、真空等条件；生产设备多样，很多设备较难控制，稍有不慎，易引发爆炸、燃烧等事故。

综上分析，在进行生产之前，需要掌握基本安全知识、车间和岗位的安全操作规程、突发事件的处理方法等，即进行安全生产的准备。

1.2 化工企业一般规定

1.2.1 劳保用品的正确选用

充分理解劳保用品的使用目的和意义，能根据作业的危险性和作业场所的防护要求合理选择并正确穿戴劳保用品，并注意劳保用品的维护和保养。

1.2.1.1　劳动防护用品分类

（1）头部防护用品

用于防御冲击、刺穿、挤压、火焰、热辐射、绞碾、擦伤、昆虫叮咬等伤害头部的装备，如安全帽、防护头罩、一般防护帽。

（2）眼面部防护用品

用于防御电离辐射、非电离辐射、烟雾、化学物质、金属火花和飞屑、尘粒等伤害眼睛或面部、颈部的装备，如防冲击眼（面）护具、防化学药剂眼（面）护具、焊接护目镜、防激光护目镜、防微波护目镜、焊接面罩等。

（3）听力防护用品

用于避免噪声过度刺激听觉、保护听力的装备，如耳塞、耳罩。

（4）呼吸防护用品

用于防御缺氧空气和尘、毒等有害物质吸入呼吸道的装备，由于尘、毒主要通过呼吸道进入人体造成对人体健康的危害，因此，呼吸防护用品使用广泛、作用巨大，根据保护方法和结构型式主要分为以下三种。

① 防尘口罩。采取靠佩戴者的呼吸克服部件阻力吸入通过滤料过滤除尘的空气，防止尘粒吸入呼吸道，一般纱布口罩不能作为防尘口罩选用。

② 过滤式防毒面具。采用靠佩戴者的呼吸克服部件阻力吸入通过滤毒罐（盒）过滤除去毒物的空气，防止毒物吸入呼吸道。

③ 长管面具。采取靠佩戴者的呼吸或借助机械力吸入通过导气管引入的作业环境以外的清洁空气，防止尘粒、毒物或缺氧空气吸入呼吸道。

（5）手臂防护用品

用于防御作业中物理、化学和生物等外界因素伤害手、前臂部的装备。如电绝缘手套、耐酸碱手套、焊工手套、防放射性手套、防振手套、防切割手套、防昆虫手套等。

（6）躯体防护用品

用于防御物理、化学和生物等外界因素伤害躯体的装备。如阻燃防护服、防静电工作服、防酸工作服、焊接工作服、防水服、防放射性服、防尘服、防热服等。

（7）足腿防护用品

用于防御作业中物理、化学和生物等外界因素伤害足部、小腿的装备。如保护足趾安全鞋（靴）、胶面防砸安全靴、防刺穿鞋、电绝缘鞋、防静电鞋、导电鞋、耐酸碱鞋（靴）、高温防护鞋、焊接防护鞋和防振鞋等。

（8）坠落防护用品

用于防止人体坠落伤亡的装备，如安全带、安全网等。

（9）皮肤防护用品

用于防御物理、化学、生物等有害因素损伤皮肤或经皮肤引起疾病的装备：如遮光型护肤剂、洁肤型护肤剂、驱避型护肤剂等。

（10）其他防护用品

一般劳动防护用品为除了特种劳动防护用品以外的所有其他劳动防护用品。

1.2.1.2　如何配置劳动保护用品

（1）头部防护

佩戴安全帽。

（2）坠落防护

系好安全带。

（3）眼睛防护

佩戴防护眼镜、眼罩或面罩。

（4）手部防护

佩戴防切割、防腐蚀、防渗透、隔热、绝缘、保温、防滑等手套。

（5）足部防护

佩戴防砸，防腐蚀、防渗透、防滑、防火花的保护鞋。

（6）防护服

保温、防水、防化学腐蚀、阻燃、防静电、防射线等。

（7）听力防护

根据《工业企业职工听力保护规范》选用护耳器。

（8）呼吸防护

根据 GB/T 18664—2002《呼吸防护用品的选择、使用与维护》选用。

1.2.2 7S 管理

7S 管理包括：整理（seiri）、整顿（seiton）、清扫（seiso）、清洁（seiketsu）、素养（shitsuke）、安全（security）、节约（save）。

（1）整理

将工作场所的任何物品区分为有必要和没有必要的，除了有必要的留下来，其他的都消除掉。目的：腾出空间，空间活用、防止误用，塑造清爽的工作场所。

（2）整顿

把留下来必要用的物品按依定位置摆放，并放置整齐加以标示。目的：工作场所一目了然，消除减少寻找物品的时间，整整齐齐的工作环境，消除过多的积压物品。

（3）清扫

将工作场所内看得见与看不见的地方清扫干净，保持工作环境干净、亮丽。目的：减少工业伤害。

（4）清洁

将整理、整顿、清扫进行到底，并且制度化，经常保持环境外在美观的状态。目的：创造明朗现场，维持上面 3S 成果。

（5）素养

每位成员养成良好的习惯，并自觉遵守制度，培养积极主动地工作习惯（也称习惯性）。目的：培养有好习惯、遵守规则的员工，营造团队精神。

（6）安全

重视成员安全教育，每时每刻都有安全第一的观念，防范于未然。目的：建立起安全生产的环境，所有的工作应建立在安全的前提下。

（7）节约

对实训、学习、生活中的时间、物料等合理利用，以发挥最大的效能。目的：物尽其用，提高效益，降低成本。

1.3　化工企业生产厂区 14 个不准条例

① 加强明火管理、厂区内不准吸烟。

② 生产区内，不准未成年人进入。

③ 上班时间，不准睡觉、干私活、离岗和干与生产无关的事。

④ 在班前、班上不准喝酒。

⑤ 不准使用汽油等易燃体擦洗设备、用具和衣物。

⑥ 不按规定穿戴劳动保护用品，不准进入生产岗位。

⑦ 安全装置不齐全的设备不准使用。

⑧ 不是自己分管的设备、工具不准动用。

⑨ 检修设备时安全措施不落实，不准开始检修。

⑩ 停机检修后的设备，未经彻底检查，不准启用。

⑪ 未办理高处作业证、不戴安全带，脚手架、跳板不牢，不准登高作业。

⑫ 石棉瓦上不固定好跳板，不准作业。

⑬ 未安装触电保安器的移动式电动工具，不准使用。

⑭ 未取得安全作业证的职工，不准独立作业；特殊工种职工，未取得特殊工种作业证，不准作业。

1.4　安全生产基本守则

1.4.1　安全生产职责

明确企业各层级负责人、各类工程技术人员、各职能部门和各岗位操作人员在生产活动中的职责，制定安全责任制度，并将该工作落到实处。特别要对新进员工进行严格的安全教育，同时要求员工承担相应的安全生产责任。

① 自觉遵守安全生产规章制度和劳动纪律，不违章作业，并随时制止他人违章作业。

② 遵守有关设备维修保养规定。

③ 爱护和正确使用机器设备、工具。

④ 关心安全生产情况，向有关领导或部门提出合理化建议。

⑤ 发生工伤事故，要及时抢救伤员，保护现场，报告领导，并协助事故调查工作。

⑥ 积极参加各种安全活动，牢固树立"安全第一"的思想和自我保护意识。

1.4.2　化工企业员工义务

企业的每位员工有义务对工作区域中存在的不安全因素进行处理。如：工作区域有不正常的气味和声响；各类仪表和安全监控设备出现异常数据；机器设备不能正常工作；安全防护设施失效；管道和线路明显的跑、冒、滴、漏等现象。

企业安全生产管理责任制的落实要本着：谁分管，谁负责，负全责，负责到底的理念。安全生产责任制要体现一级为一级负责任，互相监督，齐抓共管，真正做到全员、全面、全过程、全天候的落实企业的安全生产责任。

1.5　安全生产基本常识

2002年6月29日第九届全国人民代表大会常务委员会第二十八次会议颁布通过《中华人民共和国安全生产法》；11月1日起开始实施（本法于2014年进行修正，2014年12月1日正式施行）。

1.5.1　安全生产的方针与原则

1.5.1.1　安全生产的方针

安全生产的方针：安全第一、预防为主、综合治理。

"安全第一"是对一切工作的要求，把安全放在生产过程中的第一位，切实保护劳动者的生命安全和身体健康；"预防为主"是实现安全的基本保障，通过事先的防范和准备工作，改善安全状况，预防事故发生；"综合治理"是指综合运用经济、法律、行政等手段，人管、法治、技防、文化、科技、责任等多管齐下，实现综合防治。

"安全第一、预防为主、综合治理"是一个有机统一的整体。"安全第一"是后者的统帅和灵魂；"预防为主"是实现安全第一的根本途径，只有将安全置于一切工作的首位，才能做到有效的预防；"综合治理"是落实"安全第一、预防为主"的根本手段和方法。

1.5.1.2　安全生产"三不违原则"

三不违是指：不违章指挥，不违章作业，不违反劳动纪律。

"三违"是事故的根源，是安全的大敌。违章指挥等于杀人，违章作业等于自杀。"三违"不除，安全不保。在发生事故的原因中，违章指挥和违章作业占60%～70%，其中违章指挥危害最大，造成的影响和损害的程度也最为严重。

"三违"源自三大重点人群：班组长、特种作业人员、青年职工。

1.5.1.3　安全生产"四不伤害原则"

（1）不伤害自己

不伤害自己，就是要提高自我保护意识，不能由于自己的疏忽、失误而使自身受到伤害。不伤害自己取决于自身的安全意识、安全知识、对工作任务的熟悉程度、岗位技能、工作态度、工作方法、精神状态、作业行为等多方面因素，是保护自己免受伤害的有效措施之一。身体、精神保持良好状态，不做与工作无关的事；劳动着装齐全，劳动防护用品符合岗位要求；注意现场的安全标识，不违章作业，拒绝违章指挥；对作业现场危险有害因素进行辨识。

（2）不伤害他人

不伤害他人，就是我的行为或行为后果不会给他人造成伤害。在多人同时作业时，由于自己不遵守操作规程，对作业现场周围观察不够以及自己操作失误等原因，自己的行为就可能导致现场周围的人受到伤害。

（3）不被他人伤害

不被他人伤害，即每个人都要加强自我防范意识，工作中要避免他人的过失行为或作业环境及其他隐患对自己造成伤害。

（4）保护他人不被伤害

组织中的每个成员都是团队中的一分子，作为组织的一员有关心爱护他人的责任和义务，不仅要注意安全，还要保护团队的其他人员不受伤害。

（5）"四不伤害"的5项保证措施

① 严格遵守各项规章制度，严格执行《安全操作规程》，班组应严格地、有计划地进行安全生产；

② 人人都要牢固地树立起"人的生命是第一位"的思想意识；

③ 每一位员工要自觉地学习生产技能和业务知识，只有自己掌握了一定的生产技能，才能熟练地、严格地按照安全生产技术规程进行操作；

④ 每一位员工在施工现场工作中都要注意强化自我保护意识，安全生产首先就是要求"自己的要求自己管"，每个员工在作业前主动自问互问；

⑤ 实施"自保、互保、联保"责任制，现场生产过程中员工互相关爱，互相监督，充分发挥团队精神。

1.5.1.4　事故处理"四不放过原则"

坚持"四不放过"原则：事故原因分析不清不放过；事故责任者没处理不放过；肇事者没有受教育不放过；没有落实防范措施不放过。

1.5.2　安全色和安全标志

1.5.2.1　安全色

安全色是表达安全信息的颜色，表示禁止、警告、指令、提示等意义。应用安全色使人们能够对威胁安全和健康的物体和环境，做出尽快地反应，以减少事故的发生。安全色的应用必须以传递安全状态为目的和有规定的颜色范围。

安全色应用红色、黄色、蓝色、绿色四种，其含义和用途分别如下。

① 红色表示禁止、停止、消防和危险的意思。禁止、停止和有危险的器件、设备或环境涂以红色的标记。如禁止标志、交通禁令标志、消防设备、停止按钮和停车、刹车装置的操纵把手、仪表刻度盘上的极限位置刻度、机器转动部件的裸露部分、液化石油气槽车的条带及文字、危险信号旗等。

② 黄色表示注意、警告的意思。需警告人们注意的器件、设备或环境涂以黄色标记。如警告标志、交通警告标志、道路交通路面标志、皮带轮及其防护罩的内壁、砂轮机罩的内壁、楼梯的第一级和最后一级的踏步前沿、防护栏杆及警告信号旗等。

③ 蓝色表示指令、必须遵守的规定。如指定标志、交通指示标志等。

④ 绿色表示通行、安全和提供信息的意思。可以通行或安全情况涂以绿色标记，如表示通行、机器启动按钮、安全信号旗等。

1.5.2.2　对比色

对比色是指使安全色更加醒目的反衬色，对比色有黑白两种颜色，黄色安全色的对比为黑色；红、蓝、绿安全色的对比色均为白色。黑色用于安全标志的文字，图形符号，警告标志的几何图形和公共信息标志。白色则作为安全标志中红、绿、蓝三色的背景色，也可以用于安全标志的文字和图形符号及安全通道、交通上的标线及铁路站台上的安全线等。

1.5.2.3　安全警示标志

安全标志类型有禁止标志、警告标志，指令标志、提示标志、其他提示标志。

（1）禁止标志

是指不准或禁止人们的某种行为的图形标志。其基本形式为带斜杠的圆形框，圆环和斜框为红色，图形符号为黑色，衬底为白色。例如，禁止吸烟、禁止烟火、禁止通行、禁放易燃物、禁止激活、禁止入内、禁止停留、禁止架梯等。

（2）警告标志

是提醒人们对周围环境引起注意，以避免可能发生危险的图形标志。其基本形式是正三角形边框，三角形边框及图形为黑色，衬底为黄色。例如，注意安全、当心火灾、当心触电、当心车辆、当心瓦斯等。

（3）指令标志

是强制人们必须做出某种动作或采用防范措施的图形标志。其基本形式是圆形边框。图形符号为白色，衬底为蓝色。例如，必须戴防护眼镜、护耳器、防护手套、必须系安全带等。

（4）提示标志

是向人们提供某种信息的图形标志。其基本形式是正方形边框。图形符号为白色。衬底为绿色。例如，太平门、安全通道标志等。

（5）其他提示标志

根据需要用文字表述的工作警示，如设备在运行，小心有电等。

1.5.2.4　识别色

人们在各种气瓶上涂上各种颜色和字体来区分它们，就是利用了安全色和对比色来识别，见表1-1。

表 1-1　识别色应用

序号	介质名称	瓶体	字样	字色
1	氢	淡绿色	氢	大红色
2	氧	淡酞蓝色	氧	黑色
3	氨	淡黄色	液氨	黑色
4	空气	黑色	空气	白色
5	乙炔	白色	乙炔不可近火	大红色

1.5.2.5　安全线

在工矿企业中用以划分安全区域与危险区域的分界线。厂房内安全通道的标示线，铁路站台上的安全线都是属于此列。根据国家有关规定，安全线用白色（公司是用黄色线划分），宽度不小于60mm。在生产过程中，有了安全线的标示，就能区分安全区域和危险区域，有利于对危险区域的认识和判断。

1.5.3　生产性有害因素

劳动过程中存在的可能危害人体健康的因素，称为生产性有害因素。生产环境中可能存在的主要生产性有害因素可归纳如下。

① 生产性毒物。如铅、锰、铬、汞、有机氯农药等。

② 生产性粉尘。如滑石粉尘、铅粉尘、木质粉尘等。

③ 异常气候条件。生产场所的气温、湿度、气流及热辐射等。

④ 辐射线。指生产环境中可能接触到的各种射线，如红外线、紫外线、X射线、无线电波等。

⑤ 高气压和低气压。

⑥ 生产性噪声，指工人长时间在作业场所或工作中接触到的机器等生产工具产生的不同频率与不同强度组成的噪声。生产性噪声大体可分为三类：空气动力性噪声，如各种风机噪声、燃气轮机噪声、高压排气锅炉放空时产生的噪声；机械性噪声，如织布机噪声、球磨机噪声、剪板机噪声、机床噪声等；电磁性噪声，如发电机噪声、变压器噪声等。表1-2规定了员工允许接收的噪声分贝及时间。

表 1-2 员工允许接收的噪声分贝及时间

每个工作日接触噪声时间/h	允许噪声/dB(分贝)
8	90
4	93
2	96
1	99
最高不得超过	115

1.6　消防安全

1.6.1　消防工作概述

消防工作任务：预防火灾和减少火灾危害，加强应急救援工作，保护人身、财产安全，维护公共安全。

消防工作的方针：预防为主，防消结合。

消防工作的原则：坚持专门机关与群众相结合的原则，实行防火安全责任制。

1.6.2　消防基本知识

1.6.2.1　消防名词解释

火灾：时间或空间上失去控制的燃烧所造成的灾害事件。

闪点：液体发生闪燃的最低温度。

燃点：可燃物开始持续燃烧所需的最低温度。

着火：可燃物在空气中受着火源的作用而发生持续燃烧的现象。

自燃：可燃物在空气中没有受火的作用，靠自热或外热而发生的燃烧现象。

1.6.2.2　燃烧的必要条件

（1）可燃物

凡是能与空气中的氧或其他氧化剂发生剧烈反应的物质，均可称为可燃物质。如碳、氢、硫、钾、木材、纸张、汽油、酒精、乙炔、丙酮、苯等。

（2）助燃物

如空气、氧气、氯气、氯化物以及高锰酸钾等。

（3）引火源

即能引起可燃物质燃烧的能源，如明火焰、烟头、电（气）焊火花、炽热物体、自燃发热物等。

所以，只要使以上三个条件中的任何一个条件消除，就可以预防火灾事故发生。

1.6.2.3　火灾燃烧阶段

火灾燃烧阶段分为初起阶段、发展阶段、猛烈阶段、下降阶段、熄灭阶段。

1.6.2.4　防火的基本方法

防火的所有措施都是以防止燃烧的三个条件结合在一起为目的。控制可燃物、隔绝助燃物、消灭着火源。

1.6.2.5　灭火的基本方法

隔离法：将可燃物、易燃物、助燃物质与火源分开。

冷却法：用水直接喷射到燃烧物体上，使温度降至燃点以下。

窒息法：用湿棉毯、湿麻袋、湿棉被、干沙等不燃物覆盖在燃烧物的表面，隔绝空气，使燃烧停止。

化学抑制法：就是用含氮的化学灭火器喷射到燃烧物上，使灭火剂参与到燃烧中，发生化学作用，覆盖火焰使燃烧的化学连锁反应中断，使火熄灭。

1.6.2.6　火灾的类型

A类：含碳固体可燃物如木材、棉、毛、麻、纸张等燃烧的火灾。

B类：甲乙丙类液体如汽油、煤油、柴油、甲醇、乙醚、丙酮等燃烧的火灾。

C类：可燃气体如煤气、天然气、甲烷、丙烷、乙炔、氢气等燃烧的火灾。

D类：可燃金属如钾、钠、镁、钛、锆、锂、铝、镁合金等燃烧的火灾。

E类：带电火灾。

F类：烹饪器具内的烹饪物（如动植物油脂）火灾。

1.6.2.7　火灾性质的分类

（1）特大火灾

具有以下情形之一的为特大火灾：死亡十人以上（含十人）；重伤二十人以上；受灾五十户以上；烧毁财物损失五十万元以上。

（2）重大火灾

具有下列情形之一的为重大为灾：死亡三人以上；重伤十人发上；死亡、重伤十人以上；受灾三十户以上；烧毁财物损失五万元以上。

（3）一般火灾

不具有以上情形的燃烧事故为一般火灾。

1.6.2.8　扑救火灾的一般原则

（1）报警早、损失少

报警应沉着冷静，及时准确：简明扼要的报出起火部门和部位、燃烧的物质、火势大小；如果拨叫119火警电话，还必须讲清楚起火单位名称、详细地址，报警电话号码，同时派人到消防车可能来到的路口接应，并主动及时的介绍燃烧的性质和火场内部情况，以便迅速组织扑救。

（2）边报警，边扑救

在报警同时，要及时扑救初起火，在初起阶段由于燃烧面积小，燃烧强度弱，放出的辐射热量少是扑救的有利时机，只要不错过时机，可以用很少的灭火器材，如一桶黄沙，或少量水就可以扑灭，所以，就地取材，不失时机地扑灭初起火灾是极其重要的。

（3）先控制，后灭火

在扑救火灾时，应首先切断可燃物来源，然后争取灭火一次成功。

（4）先救人，后救物

在发生火灾时，如果人员受到火灾的威胁，人和物相比，人是主要的，应贯彻执行救人第一，救人与灭火同步进行的原则，先救人后疏散物资。

1.6.3　灭火器的种类及使用方法

1.6.3.1　常见灭火器的分类

灭火器是指由筒体、器头、喷嘴等部件组成，借助驱动压力可将所充装的灭火剂喷出灭火的器具。目前，常用的灭火器有：清水、酸碱、泡沫、二氧化碳、1211、1301、干粉灭火器等。

国家标准规定，灭火器型号应以汉语拼音字母和阿拉伯数字标于筒体，如"MF2"，其中第一个字母 M 代表灭火器，第二个字母代表灭火剂类型（F 指干粉、FL 指磷铵粉、T 指二氧化碳、Y 指卤代烷、P 指泡沫、QP 指轻水泡沫、SQ 指清水），后面的阿拉伯数字代表灭火器重量或容积，一般单位为 kg 或 L。

1.6.3.2　常见灭火器的使用方法

（1）手提式泡沫灭火器

适用范围：主要适用于扑救各种油类火灾、木材、纤维、橡胶等固体可燃物火灾。

使用方法：使用手提式泡沫灭火器时，应手提筒体上部的提环，迅速赶到起火点。在运送灭火器过程中，不能过分倾斜和摇晃，更不能横置或颠倒。当距离起火点大约 10m 时，使用者的一只手握住提环，另一只手抓住筒体的底圈，将灭火器颠倒过来，泡沫即可喷出。在喷射过程中，灭火器一直保持颠倒的垂直状态，不能横置或直立过来，否则，喷射会中断。如扑救可燃固体物质火灾，应把喷嘴对准燃烧最猛烈处喷射；如扑救容器内的油品火灾，应将泡沫喷射在容器的壁上，从而使得泡沫沿器壁流下，再平行地覆盖在油品表面上，避免泡沫直接冲击油品表面；如扑救流动油品火灾，操作者应站在上风方向，并尽量减少泡沫射流与地面的夹角，使泡沫由近而远地逐渐覆盖在整个油面。

（2）手提式二氧化碳灭火器

适用范围：主要适用于各种易燃、可燃液体、可燃气体火灾，还可扑救仪器仪表、图书档案、精密仪器和低压电器设备等的初起火灾。

使用方法：二氧化碳灭火器内充装的是加压液化的二氧化碳，它主要用于扑救易燃、可燃液体、可燃气体和带电设备的初起火灾。由于二氧化碳灭火时不污损物件，灭火后不留痕迹，所以二氧化碳灭火器更适于扑救精密仪器和贵重设备的初起火灾。使用手提式二氧化碳灭火器时，可手提灭火器的提把，或把灭火器扛在肩上，迅速赶到火场。在距离起火点大约 5m 处，放下灭火器，一只手握住喇叭形喷筒根部的手柄，把喷筒对准火焰，另一只手旋开手轮（对鸭嘴式二氧化碳灭火器，压下压把），二氧化碳就会喷射出扑救流散液体火灾时，应使二氧化碳由近而远向火焰喷射，如燃烧面积大，操作者可左右摆动喷筒，直至把火扑灭。扑救容器内火灾时，操作者应手持喷筒根部的手柄，从容器上部的一侧向容器内喷射，但不要使二氧化碳直接冲击到液面上，以免将可燃液体冲出容器而扩大火灾。

（3）手提式干粉灭火器

适用范围：适用于扑救各种易燃、可燃液体和易燃、可燃气体火灾，以及电器设备火灾。

使用方法：使用手提式干粉灭火器时，应手提灭火器提把，迅速赶到着火处。在距离起火点5m左右处，放下灭火器。在室外使用时，应占上风方向。使用前，先把灭火器上下颠倒几次，使筒内干粉松动。如使用的是内装式（动力气体钢瓶装置在灭火器筒体内）或储压式（动力气体与干粉共储于灭火器的筒体内）干粉灭火器，应先拔下保险销，一只手握住喷嘴，另一只手用力压下压把，干粉便会从喷嘴咳射出来。如使用的是外置式（动力气体钢瓶装置在灭火器筒体外）干粉灭火器，则一只手握住喷嘴，另一只手提起提环，握住提柄，干粉便会从喷嘴喷射出来。用干粉灭火器扑救流散液体火灾时，应从火焰侧面，对准火焰根部喷射，并由近而远，左右扫射，快速推进，直至把火焰全部扑灭。用干粉灭火器扑救容器内可燃液体火灾时，也应从侧面对准火焰根部，左右扫射。当火焰被赶出容器时，应快速向前，将余火全部扑灭。灭火时应注意不要把喷嘴直接对准液面喷射，以防干粉气流的冲击力使油液飞溅，引起火势扩大，造成灭火困难。用干粉灭火器扑救固体物质火灾时，应使灭火喷嘴对准燃烧最猛烈处，左右扫射，并应尽量使干粉灭火剂均匀地喷洒在燃烧物表面，直至把火全部扑灭。

（4）推车式干粉灭火器使用方法

适用范围：主要适用于扑救易燃液体、可燃气体和电器设备的初起火灾。本灭火器移动方便，操作简单，灭火效果好。

使用方法：把推车式干粉灭火器拉到现场，右手抓着灭粉枪，左手顺势展开喷粉胶管，直至平直，不能弯折或打圈，除掉铅封，拔出保险销，用手掌使劲按下阀门，左手把持喷粉枪托管，右手把持喷粉枪把，用手指扳动喷粉枪开关，对准火焰喷射，不断靠近前焰左右摇摆喷粉枪，把干粉罩住燃烧区，直至把火扑灭为止。

1.6.4　室内消火栓的使用方法

① 打开消火栓。
② 取出消防水带，向着火点展开。
③ 接上水枪。
④ 连接水源。
⑤ 手握水枪头及水管，打开水阀门，即可灭火。

1.7　危险化学品安全

1.7.1　认识危险化学品

危险化学品是指具有毒害、腐蚀、爆炸、燃烧、助燃等性质，会对人（包括生物）、环境造成伤害或损害的化学品叫危险化学品。

1.7.1.1　危险化学品的分类

按我国目前已公布的法规、标准，有三个国标：GB 6944—2012《危险货物分类和品名编号》、GB 12268—2012《危险货物品名表》、GB 13690—2009《化学品分类和危险性公示　通则》，将危险化学品分为九大类。即

第1类　爆炸品；

第2类　气体；

第3类　易燃液体（如：乙醛、丙酮等）；

第4类　易燃固体、易于自燃的物质、遇水放出易燃气体的物质和遇湿易燃物品；

第5类　氧化性物质和有机过氧化物；

第6类　毒类物质和感染性物质；

第7类　放射性物质；

第8类　腐蚀类物质（如：强酸、强碱、氢氟酸、氯化铬酰、氯磺酸、溴、甲醛溶液、硫酸、冰醋酸等）；

第9类　杂项危险物质和物品，包括危害环境物质。

1.7.1.2　危险化学品存放

危险化学品储存方式分为三种：隔离储存、隔开储存及分离储存。

1.7.2　危险化学品危害

1.7.2.1　危险化学品的火灾、爆炸危害

火灾、爆炸事故有很大的破坏力，化工、石油化工企业生产中使用的原料、中间产品及产品多为易燃、易爆物，一旦发生火灾、爆炸事故，会造成严重后果。

1.7.2.2　危险化学品的健康危害

有些危险化学品具有毒性、刺激性、腐蚀性、致癌性、致畸性、窒息性等特性，导致人员中毒的事故频繁发生，据统计表明，由于化学品的毒性危害导致的人员伤亡占化学事故的49.9%，对人体的健康危害主要表现在刺激、过敏、窒息、昏迷和麻醉、中毒、致癌等。

1.7.2.3　危险化学品的污染危害

随着工农业的迅猛发展，有毒有害的污染随处可见，而给人类造成的灾害要属有毒有害化学品为最重要。化学品侵入环境的途径几乎是全方位的，其中最主要的侵入途径如下：

① 人为使用直接进入环境；

② 在生产、加工、储存过程中，作为化学污染物以废水、废气和废渣等形式排放进入环境；

③ 在生产储存和运输过程中由于着火、爆炸、泄漏等突发性化学事故，致使大量有害化学品外泄进入环境；

④ 在石油、煤炭等燃料燃烧过程中以及家庭装饰等日常生活使用中，直接排入或使用者作为废弃物进入环境。

1.7.3　正确使用危险化学品

① 在使用危险化学品的场所张贴危险化学品安全标签和安全警示标识；根据安全操作

规程使用危险化学品。

　　② 氧气瓶和乙炔瓶摆放要有安全距离。工业气瓶有防倾倒装置。

　　③ 使用危险化学品场所，均应有应急水源，有洗眼器，配备消防器材。

　　④ 作业时应要佩戴防护用品。

　　⑤ 生产、储存易燃易爆危化品作业场所电气必须整体防火、防爆。

　　⑥ 不准超量存放。严禁在工作地点吸烟、饮水和吃东西。

1.7.4　危险化学品事故应急处置

1.7.4.1　易燃、易爆化学品或有毒化学品泄漏时

　　① 第一个发现者应立即报告给企业主管部门，在配备个人防护装备的情况下进入现场救援。

　　② 如果泄漏物是易燃易爆介质，事发现场应严禁火种、切断电源、禁止车辆进入、立即在边界设置警戒线。若事故情况恶劣、可能发生二次事故时，员工应第一时间进行撤离，待专业应急处置人员到来后再协助救援。

　　③ 如果泄漏物是有毒介质，应穿戴好专用防护服、隔离式空气呼吸器，再进行现场救援，并立即在事故中心区边界设置警戒线。若事故情况恶劣、事故现场无专用防毒用品时，员工应第一时间进行撤离，待专业应急处置人员到来后再协助救援。

1.7.4.2　被具有腐蚀性的化学品灼伤时

　　① 第一个发现者应立即报告给企业主管部门；

　　② 如果是化学性皮肤灼伤时，立即移离现场，迅速脱去被化学物玷污的衣裤、鞋袜等。立即用大量流动自来水或清水冲洗创面 15～30min。黄磷烧伤时应用大量水冲洗、浸泡或用多层湿布覆盖创面。灼伤病人应及时送医院。烧伤的同时，往往合并骨折、出血等外伤，在现场也应及时处理。如果是化学性眼灼伤，迅速在现场用流动清水冲洗，千万不要未经冲洗处理而急于送医院，如无冲洗设备，也可把头部埋入清洁盆水中，把眼皮掰开，眼球来回转动洗涤，电石、生石灰（氧化钙）颗粒溅入眼内，应先用蘸石蜡油或植物油的棉签，去除颗粒后，再用水冲洗。

1.7.4.3　当员工发生危险化学品中毒窒息事故时

　　① 第一个发现者应立即报告给企业主管部门；

　　② 发生窒息性化合物中毒事件后，无论任何危险等级，现场人员应迅速将污染区域内的所有人员转移至毒害源上风向的安全区域，以免毒物的进一步侵入，同时正确穿着、佩戴安全防护用具，并做好监护监督工作。在产生窒息性有毒气体区域进行救治时，必须佩戴防毒面具或正压式呼吸器，并给予被救治者相应防护装备。立即将患者移离现场，置空气新鲜处，脱去被污染的衣服和鞋袜，静卧保暖，保持呼吸道通畅。吸入中毒患者，救治条件允许必要时给予吸氧。呼吸心跳停止者，立即进行现场心肺复苏。

1.7.4.4　注意事项

　　① 进入事发现场救援应从上风、上坡处进入。

　　② 应急处理时严禁单独行动，应严格按企业应急预案的方案执行。

　　③ 新鲜创面上不要任意涂上油膏或红药水，不用脏布包裹。

　　④ 当化学品不慎溅入眼中时，冲洗时眼皮一定要掰开。

1.7.5　危险化学品安全标志

危险化学品安全标志是通过图案、文字说明、颜色等信息，鲜明、简洁地表征危险化学品的危险特性和类别，向作业人员传递安全信息的警示性资料。危险化学品标志用于危险化学品的包装标识。危险化学品的安全标志设有主标志和副标志见图 1-1、图 1-2。主标志是由表示危险特性的图案、文字说明、底色和危险品类别组成的菱形标志。副标志中没有危险性类别号。当一种危险化学品具有一种以上的危险性时，应用主标志表示主要危险性，用副标志表示重要的其他危险类别。标志的尺寸、颜色及印刷必须按照国家标准规定执行。标志可以用粘贴、钉附及喷涂等方法标打在包装上。标志由生产单位在货物出厂前标打，出厂后如果改换包装，其标志由改换包装单位标打，标志应该清晰，并且保证在货物储运期内不脱落。

图 1-1　危险化学品标志（一）

图 1-2　危险化学品标志（二）

第2章

均苯四甲酸二酐装置运行

2.1 原料均四甲苯认知

2.1.1 均四甲苯的性质

均四甲苯是具有樟脑臭味的叶状结晶物质，可溶于乙醇、乙醚、苯等有机溶剂，有升华性，可进行水蒸气精馏，用氧、硝酸或五氧化二钒可氧化成均苯四甲酸及其酐。均四甲苯产品规格见表2-1。

表 2-1 均四甲苯产品规格

指标	一级品	二级品
熔点/℃	76~80	75~80
纯度/%	≥97	≥95
状态	白色粉末结晶	白色粉末结晶
国标编号	41517	
CAS 号	95-93-2	
中文名称	1,2,4,5-四甲苯	
英文名称	1,2,4,5-Tetramethylbenzene;sym-Tetramethylbenzene	
别名	均四甲苯	
分子结构式	H_3C ⟶ CH_3 / H_3C ⟶ CH_3	
分子式	$C_{10}H_{14}$；$C_6H_2(CH_3)_4$	
分子量	134.21	
熔、沸点/℃	熔点：79.38；沸点：196.99	

2.1.2 均四甲苯的用途

均四甲苯（1,2,4,5-四甲基苯）是一种重要的有机化工原料，主要用于生产均苯四甲酸二酐（1,2,4,5-苯甲酸二酐，PMDA）。

2.1.3 均四甲苯的生产方法

2.1.3.1 偏三甲苯-甲醇烷基化法

偏三甲苯-甲醇烷基化法利用偏三甲苯与甲醇在新型 HZSM-5 催化剂上烷基化反应，

HZSM-5 催化剂是用 ZSM-5 分子筛与 NH_4Cl 交换生成的，它与一定量 Al_2O_3 混合，再经进一步处理，挤条成型和焙烧制成。

主反应：

副反应：

$$CH_3OH + CH_3OH \longrightarrow CH_3OCH_3 + H_2O$$
$$2C_6H_3(CH_3)_3 \longrightarrow C_6H_2(CH_3)_4 + C_6H_4(CH_3)_2$$

2.1.3.2　偏四甲苯液相异构化法

偏四甲苯（1,2,3,5-四甲苯）在常压及较低反应温度下，在双组分固体酸催化剂作用下，液相异构化制得均四甲苯，为抑制歧化反应，向反应体系中加入一定量的三甲苯，使主反应充分进行，得到较高收率的均四甲苯，反应如下。

主反应：

副反应：

2.1.3.3　1,2,4-三甲苯歧化反应法

1,2,4-三甲苯歧化反应法是目前制备均四甲苯的主要方法，不同催化剂下，歧化反应的选择性远大于异构化反应的选择性，如表 2-2 所示。

表 2-2　PILM 对 1,2,4-TrMe 转化的催化活性和选择性

催化剂	转化率/%	歧化反应选择性/%	异构化反应选择性/%	四甲苯中均四甲苯含量/%
Zr-PILM	25.7	90.7	9.3	84.5
0.1-SiZr-PILM	42.2	85.8	14.2	85.6
0.2-SiZr-PILM	33.0	89.3	10.7	87.9
0.2-FeZr-PILM	43.1	82.7	17.3	83.3

2.1.3.4　一氧化碳加氢合成法

一氧化碳加氢的主要目的是合成高辛烷值的汽油，但在合成汽油过程中同时生成了均四甲苯，这一化合物在汽油中含量过高对汽车发动机运行不利，如果从合成气所得液体产品中将其分离出来单独出售，不仅可以大大改善油品质量，而且还能达到变废为宝的目的。

2.1.3.5 其他制备方法

除上述方法外，有偏三甲苯及连三甲苯混合塔底油取代纯偏三甲苯，在镍钼丝光沸石催化剂上反应，得到了接近热力学平衡分布的异构化均三甲苯产物，反应的稳定平衡温度在350℃左右，提高反应温度可以在生产均三甲苯的同时，提高均四甲苯的收率。联产均三甲苯、均四甲苯的反应温度为320~380℃，压力0.1~1.5MPa，空速在1.0~2.0h^{-1}之间，液体收率大于96%（摩尔分数），均三甲苯收率大于25%（摩尔分数），均四甲苯收率7%~9%（摩尔分数）。

2.2 产品均苯四甲酸二酐认知

2.2.1 均苯四甲酸二酐的性质

均苯四甲酸二酐（PMDA，简称均酐），溶于二甲基甲酰胺、二甲基亚砜、γ-丁内酯、N-甲基吡咯烷酮、丙酮、丁酮、甲基异丁基酮、乙酸乙酯等，不溶于氯仿、乙醚、正己烷、苯、石油醚和冷苏打溶液，遇水或暴露在湿空气中易水解变成均苯四甲酸。均苯四甲酸二酐分子中具有四个羧酸基，并且都是对称的，可发生酯化、酰氯化、氢化、酰胺化、酰亚胺化、腈化等多种化学反应。均苯四甲酸二酐是一种重要的有机合成工业原料，也是发展新型化工材料和高附加值精细化工产品的基本原料，主要用作生产聚酰亚胺的单体，此外还可用作环氧树脂的固化剂及聚酯树脂的交联剂，用于制造酞普蓝染料和一些重要的衍生物等，用途十分广泛。均本四甲酸二酐产品规格见表2-3。

表 2-3 均苯四甲酸二酐产品规格

指标	一级品	合格品
外观	白色至淡黄色结晶	无机械杂质
熔点/℃	285~288	284~287
纯度/%	≥99.0	≥98.0
中和当量	54.5±0.2	54.5±0.2
CAS号	89-32-7	
中文名称	1,2,4,5-—苯四甲酸二酐	
英文名称	Pyromellitic dianhydride	
别名	均苯四甲酸二酐	
分子结构式		
分子式	$C_{10}H_2O_6$	
分子量	218	
沸点/℃	397~400	

2.2.2 均苯四甲酸二酐的用途

2.2.2.1 聚酰亚胺树脂

聚酰亚胺树脂一般是由均苯四甲酸二酐与芳香族二胺两步法制成的。第一步先生成聚酰胺酸高分子量物质，通常以薄膜的形式从溶液中分离出来，然后在一定温度下进行第二步反应，即环化脱水反应。聚酰亚胺作为一种新兴复合材料基体，由于主链上含有芳香环，耐高温性能突出、力学性能优异，是所有树脂基复合材料中耐高温性最好的材料之一；在电子信息材料方面，聚酰亚胺除了耐高温性能表现突出外，还具有突出的介电性能与抗辐射性能，是该领域中最好的封装和涂覆材料之一。另外，聚酰亚胺树脂在胶黏剂、纤维、塑料与光刻胶等方面也表现出优异的综合性能。

2.2.2.2　增塑剂

由均苯四甲酸二酐和相应醇反应制得的均苯四酸四丁酯（TBPM）和均苯四酸四辛酯（TOPM），具有良好的耐热性与电绝缘性，可用于生产高级人造革、耐热高压电缆，尤其能用于医用塑料制品方面；均苯四甲酸四（2-乙基己）酯是耐热增塑剂，可生产 102～120℃耐热耐久塑料制品，用于医药及食品方面。

由均苯四甲酸二酐制得的酯（如四丁酯、四辛酯），表 2-4 是邻苯二甲酸二辛酯（DOP）和均苯四酸四酯（TPP）性能的对比。由表可见均苯四酸酯具有良好的耐热性和电绝缘性。

表 2-4　DOP 和 TPP 性能对比

性能	DOP	TPP
90℃24h 挥发性/%	8～9	0.5
90℃4 天挥发性/%	15.3	0.8
90℃肥皂抽出损失/%	8～11	0
体积电阻(90℃,干)/Ω·cm	1.1×10^{12}	3.7×10^{12}
体积电阻(90℃,湿)/Ω·cm	2.1×10^{12}	12×10^{12}

2.2.2.3　环氧树脂固化剂

制造防漏电性电机材料时，常用环氧树脂进行浇铸和层压，可采用均酐作固化剂，不仅可制成绝缘性能良好的大型铸件，且热变形温度可达 200～250℃。国外学者曾试验酸酐系列固化剂对环氧树脂耐热性的影响，结论是其热稳定性按下列顺序升高：丁二酸酐＜顺酐＜苯酐＜四氢化苯酐＜均酐。另外，用二酐作为环氧树脂黏结剂的固化剂，可实现快速粘接，可制得耐冲击性瞬时胶黏剂。Takashi 等用同一种环氧树脂胶黏剂，分别以均酐和胺类为固化剂作了对照试验，指出加入均酐固化剂后 1h 内的剥离强度是加入胺类固化剂后剥离强度的十倍。

2.2.2.4　表面活性剂

由均苯四甲酸二酐和高碳醇酯化生成的酯是能生物降解的"绿色"表面活性剂或乳化剂。均苯四甲酸与高级脂肪醇进行分步酯化反应，控制适当的投料比，即可分别制得阳离子、非离子、两性表面活性剂，它们具有优良的表面乳化、张力、润湿、泡沫等表面特性。

2.2.2.5　消光剂

近年来，均苯四甲酸二酐在涂料工业方面的用量逐年增加，主要用于生产消光剂，还可以用来制备电绝缘涂料、耐热涂料等，所制备出的涂料应用的领域很广，可以应用在金属表面、仪表及电子等精密部件及一些其他方面。如用均苯四甲酸四辛酯、偏三酸辛酯、炭黑、Ceon121 等制备粉末涂料涂装栅栏时表面光滑基本没有针孔；对于太阳能电池，人们不断地在追求一种廉价的、光电转换效率高的光电元件，Ikeda M 等在光电元件的表面涂上一层由均酐衍生物制备的涂料，可以显著提高光电转换效率。由四酸制备的涂料在其他方面还有应用，如：高分子半导体膜、光刻涂层、滤色器保护层、热记录材料等。

2.2.2.6 高分子材料改性剂

均苯四甲酸二酐由于其特有的结构，可以作为高分子材料的改性剂。回收的聚酯纤维熔体稳定性不好，难以加工，需要加入一种交联剂来改善熔体的稳定性，在被塑化的时候熔体的特性黏度可以显著提高，便于加工，得到高品质的产品。Negoro I 等研究了均苯四甲酸二酐作为交联剂应用于回收聚酯纤维的情况，并且得到了预期的效果，熔体固有黏度≥0.62Pa·s，熔体的机械强度和稳定性也很优异。作为一种交联剂，均苯四甲酸可用于丁腈橡胶的改性，经过改性后，丁腈橡胶的性能有了很大的提高。用改性后的丁腈橡胶制作的印刷胶辊印刷质量改善许多，胶辊寿命大幅度提高，而印刷成本却大幅度降低。此外，在材料改性中还有许多其他用途，如：PET 树脂的扩链剂、木材分解物合成醇酸树脂、高介电模量材料的合成等。

2.2.2.7 特殊用途催化剂

均苯四甲酸二酐的衍生物也用于催化剂的制备。丙烯聚合催化剂的制备过程中，均酐作为一种助剂对上一级产物进行处理可以使催化剂具有良好的活性；脱硫脱氰催化剂的制备中加入均酐等，可克服不能脱有机硫、氰化氢、脱出效率低、溶液组分复杂、有毒、易堵等缺点。

2.2.2.8 发光配合物

均苯四甲酸二酐合成的均苯四甲酸铕发光配合物，发光效率高、光的转换性能好，用它添加在农膜中使其具有光转换功能，在紫外光照射下吸收太阳光并转换成农作物需要的红橙光，便于农作物生长。

2.2.2.9 其他方面的应用

均苯四甲酸二酐或均苯四甲酸与三氯乙烷、二氯乙烷等物质经过混合、反应、脱水、干燥后能合成发动机抗震剂，能够提高汽油的辛烷值，防止汽油燃烧时产生爆震，并能够降低尾气中 H_2S、CO 的含量；均苯四甲酸和二苯胺醚的二甲基乙酰胺溶液作为包封液，用于扫描电镜纳米铂针尖的包封，在电极表面形成一层绝缘物达到包封电极的目的。其衍生物除上述用途外，还可用作柴油的低温性能改进剂、耐高温润滑剂、新型固体肥皂中的添加剂、感光材料添加剂等。

2.2.3 均苯四甲酸二酐的生产方法

1947 年美国 California Research Corp，首次用 V_2O_5 催化剂气相催化氧化均四甲苯，制得了均酐。1960 年美国杜邦公司首次建立了液相硝酸氧化均四甲苯制均酐的生产装置；1964 年美国 PCR 公司建成 180t/a 空气气相氧化均四甲苯制均酐的工业装置；1969 年日本古河电气公司开发了用硝酸氧化和液相空气氧化法生产工艺；1970 年德维巴化学公司建立了 500t/a 空气氧化法生产装置。目前，国外均苯四甲酸/均苯四甲酸二酐的生产厂家主要是美国的杜邦公司、Allco Chemicals Corp、Princeton Chemicals Research-Inc、日本 Nibon Joryn Kogyo、三菱瓦斯公司、德国 So～rbergwerk A G、比利时 Amoco Chemical Belgium 等。

我国从 20 世纪 60 年代开始就进行了均苯四甲酸试验的研究和工业生产，目前生产厂家主要有溧阳市庆丰精细化工有限公司、常熟市联邦化工有限公司、浙江象山志华化学有限公司、黄山市华美精细化工有限公司，如皋市乐恒化工有限公司、溧阳龙沙化工有限公司、江苏华伦爱思开精细化工有限公司、范县六环民源精细化工有限公司、宁波市贝特化工新材料有限公司等（注：大部分企业因环保问题处于整改或关停状态）。

2.2.3.1　均四甲苯法

均四甲苯是生产均酐应用最为广泛的原料之一。以均四甲苯为原料制备均酐早期采用的是液相氧化工艺，该工艺合成均酐的收率虽然较高，但不能一步直接得到均酐，原料首先液相氧化成酸，然后酸脱水制酐。液相氧化工艺以硝酸或重铬酸盐作氧化剂，易造成环境污染；以乙酸为溶剂，钴、锰、溴等为催化剂，空气或氧气液相氧化工艺，对设备的材质要求高，投资大。

由于液相氧化法的局限性，目前普遍采用的是以均四甲苯为原料，经空气氧化一步制得均酐的工艺。采用的催化剂为载体型氧化催化剂，载体为锐钛型二氧化钛，以钒为主要成分（$V_2O_5/TiO_2/P_2O_5$）的三元复合催化剂。

均四甲苯气相氧化法工艺简单，可省去脱水成酐工序，除空气外不用其他氧化剂，也不需液相所必需的催化剂分离工序，并可连续生产，易于实现自动化操作，是目前生产均酐的主要方法。

2.2.3.2　偏三甲苯烷基化法

该法是将偏三甲苯先进行甲基化或者异丙基化，得到均四甲苯或者1,2,4-三甲基-5-异丙基苯，再进行氧化制得均酐。

2.2.3.3　偏三甲苯甲基化法

石化企业铂重整装置会产生大量重芳烃，其中35%～40%是偏三甲苯。偏三甲苯在分子筛类催化剂上烷基化或在大孔径类分子筛上歧化均可制备均四甲苯。

均四甲苯氧化即可制取均苯四甲酸二酐。

2.2.3.4　偏三甲苯异丙基化法

偏三甲苯在催化剂 $AlCl_3$ 作用下，发生烷基化反应，可生成3,5,6位三种异丙基偏三甲苯的异构体，由于苯环上的电子效应不同，生成物主要是5-异丙基偏三甲苯。以1,2,4-三甲基-5-异丙基苯为原料制均酐的方法。

2.2.3.5　一氧化碳法

一氧化碳法是新开发的一种方法，偏三甲苯和一氧化碳羰基化制得的2,4,5-三甲基苯甲醛，2,4,5-三甲基苯甲醛氧化可制取粗均苯四甲酸二酐。该法采用羰基化工艺，副反应较少、产品纯度较高、收率高、选择性好、对设备的腐蚀性小。

2.2.3.6   其他生产方法

均苯四甲酸除了上述主要生产方法外，还有一些生产方法，如以 1，2，4，5-四烷基苯（烷基碳原子数小于 3）、蒽、2，4，5-三甲基苄氯等作为原料。该法采用羰基化新工艺，副反应少，产品纯度高，收率高。选择性强，对设备腐蚀性小，符合环保要求，并且使用一套装置可切换生产偏苯三酸酐和均酐两种产品，生产成本较低，代表了均酐今后制备的发展方向。

2.3   均酐工艺生产原理

2.3.1   均四甲苯气相氧化法制均酐的生产原理

均四甲苯气相氧化工艺采用固体的均四甲苯和空气为主要原料。均四甲苯经蒸汽加热溶化、与热空气混合汽化后，进入固定床氧化反应器中，采用五氧化二钒为催化剂，在反应器中发生非均相催化氧化反应（反应物为气相，催化剂为固相）生成均酐及副产物。从反应器中出来的混合气体经换热冷却后在捕集器中凝华捕集得到均酐粗产品。均酐粗产品经过水解结晶后得到粗均苯四甲酸，再将粗均苯四甲酸经脱水和升华结晶后最终得到均酐的产品。如果欲生产均苯四甲酸产品，将粗均苯四甲酸经干燥处理后即可得。

生产过程共分为 5 个工段：氧化工段、水解工段、脱水工段、升华结晶工段以及干燥工段。均苯四甲酸二酐生产流程框图如图 2-1 所示。

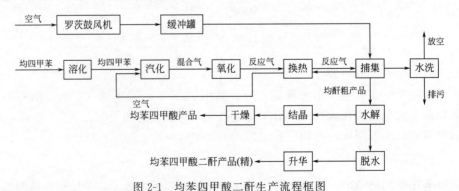

图 2-1   均苯四甲酸二酐生产流程框图

2.3.1.1   氧化工段

氧化工段是固体的均四甲苯经蒸汽加热溶化、汽化与热空气混合后，在固定床氧化反应器中，催化氧化生成均酐及副产物，经换热冷却在捕集器中凝华捕集得到均酐粗产品。由均四甲苯气相氧化制取 PMDA 是一个复杂的多相催化过程，产物是一种范围很宽的含氧化合物的混合物，其中包括酐类、醛类和醇类化合物。由均四甲苯气相氧化化学转化的反应网络如图 2-2 所示。

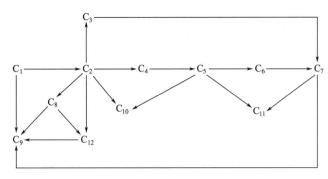

图 2-2　均四甲苯气相氧化化学转化的反应网络

其中：C_1 为 1,2,4,5-四甲苯；C_2 为 2,4,5-三甲基苯甲醛；C_3 为 2,5-二甲基对苯二甲醛；C_4 为 4,5-二甲基-2-苯甲醛；C_5 为甲基偏苯三甲酸；C_6 为均苯四甲酸及二苯酐；C_7 为均苯四甲酸二酐；C_8 为 4-和 5-甲基苯酐；C_9 为二氧化碳；C_{10} 为 4,5-二甲基苯酐；C_{11} 为苯酐；C_{12} 为偏苯三甲酸。

由图 2-2 的反应网络可看出，均四甲苯气相氧化反应产物较多，因此反应选择性较低需要进一步研究气相氧化催化剂，提高反应选择性。

（1）反应机理

在 V-O 系催化剂上芳烃氧化反应机理主要有以下两种看法。

① 烃分子夺取催化剂晶格中氧而氧化。

$$还原态催化剂 + O_2 \longrightarrow 氧化钛催化剂$$
$$氧化态催化剂 + 烃 \longrightarrow 氧化产物 + 还原态催化剂$$

② 烃是被吸附的氧离子氧化。氧吸附在催化剂表面，从催化剂夺取电子，形成吸附氧离子：

$$O_2（气相）\longrightarrow O_2（吸附）\longrightarrow 吸附氧离子（O_2^-，O_2^{2-}，2O^-，2O^{2-}）$$

烃吸附在催化剂表面，将电子供给催化剂而形成正烃离子：

$$RH \longrightarrow RH^+（吸附）$$

正烃离子与吸附的氧离子作用，形成中间配合物，进一步氧化为产物。

均四甲苯与空气的反应 $\Delta G^\ominus < 0$，为热力学不可逆反应，不受化学平衡限制。从上述反应方程可知，主、副反应均为强放热反应，氧化深度越大，放出反应热越多。

控制温度及时移出反应热非常重要，为抑制副反应及防止均酐的深度氧化，必须使用性能良好的催化剂。

主反应：

$$\text{（H}_3\text{C、CH}_3\text{ 取代苯）} + 6O_2 \xrightarrow[435\sim445℃]{催化剂} \text{（二酐结构）} + 6H_2O + 2140\text{kJ/mol}$$

副反应：

$$\text{（H}_3\text{C、CH}_3\text{ 取代苯）} + 6O_2 \longrightarrow \text{（四羧酸结构）} + 4H_2O + 2381\text{kJ/mol}$$

$$\text{均四甲苯} + 9/2 O_2 \longrightarrow \text{(苯环二羧酸衍生物)} + 4H_2O + 1165\,kJ/mol$$

$$\text{均四甲苯} + 3O_2 \longrightarrow \text{(二甲基苯酐)} + 3H_2O + 1070\,kJ/mol$$

$$\text{均四甲苯} + 3/2 O_2 \longrightarrow \text{(三甲基苯甲酸)} + H_2O + 594\,kJ/mol$$

$$\text{均四甲苯} + 27/2 O_2 \longrightarrow 10CO_2 + 7H_2O + 5579.4\,kJ/mol$$

$$\text{均四甲苯} + 17/2 O_2 \longrightarrow 10CO + 7H_2O + 2749.7\,kJ/mol$$

（2）主要工艺影响因素

均四甲苯氧化制均苯四甲酸二酐的反应目前都在常压下进行，主要工艺影响因素有反应温度、原料空速、均四甲苯与空气的配比等。

① 反应温度。由于主副反应均为强放热反应，尤其完全氧化反应在热力学上有很强的竞争性，高温必然导致完全氧化反应的进行，其结果放出更多的热量，使催化剂床层温度难以控制，甚至产生"飞温"现象，烧坏催化剂。因此，通常反应温度的控制必须限定在所对应的催化剂使用温度范围内，催化剂的类型不同，反应温度有所差别，通常均四甲苯氧化制均苯四甲酸二酐的反应要严格控制反应温度在 $435\sim445℃$。

② 原料空速。空速（空间速度）是指单位体积催化剂上通过的原料气的标准体积流量，或单位时间、单位体积催化剂上通过原料的标准立方米数，通常用 $m^3/[m^3（催化剂）\cdot h]$ 表示或用 h^{-1} 表示。

由于在反应过程中不仅原料均四甲苯可直接氧化成大量一氧化碳和二氧化碳，而且产物均酐也能进一步氧化生成一氧化碳和二氧化碳，因此，空速的合理控制显得尤为重要。一般情况下，空速增加（即停留时间缩短），可减少深度氧化副反应的发生，提高反应的选择性。由于单位时间通过床层的气量增加，在一定范围内可使均酐生产能力增加；有利于反应热的移出和床层温度控制。

当然，空速也不能太大，空速太大，反应物在催化剂床层中的停留时间过短，就会导致反应物还没来得及反应就被移出了反应器，这样进入反应器中的原料中参与反应的反应物数量减少，反应放出的热量就会减少，最终导致整个反应系统的温度下降，严重的还会导致反应的停止。

因此，在实际工业生产中，通过反应器的原料空速的选择，通常根据所用催化剂的活性和选择性以及反应器的结构、输送原料的动力消耗等因素，一般控制在 $4500\sim6000h^{-1}$。

③ 均四甲苯与空气的配比。由于均四甲苯氧化反应属于强放热反应，且均四甲苯与空气的混合物在一定浓度范围具有爆炸的危险，因此，均四甲苯与空气的配比选择，首要条件

是安全，即均四甲苯与空气的混合物浓度必须处在爆炸浓度范围之外。由相关资料可知，均四甲苯在空气中的爆炸浓度范围为0.840%～0.758%（摩尔分数），与之相当的均四甲苯与空气的摩尔比为1：（118～131），换算为每立方米空气中均四甲苯的质量为45.67～50.70g，可见浓度相当的低。

实际生产过程中，对于强氧化放热反应大多采用低浓度之外的安全浓度区进行生产操作，这样做的目的是便于控制反应器中催化剂床层的温度。均四甲苯氧化制均苯四甲酸二酐的反应就是利用此方法进行实际生产操作的，气流中均四甲苯的浓度较低为0.126%～0.190%（摩尔分数），相当于7.6～11.4g/m³空气。

2.3.1.2　水解工段

氧化工段得到的是均酐的粗产品，里面含有大量的副产物，不是最终的产品。鉴于均酐和均苯四甲酸容易相互转化，粗酐需要先到水解工段水解结晶后得到均苯四甲酸的晶体。结晶作为工业生产经常用到的一种提纯手段，可将产品均酐（均苯四甲酸）的纯度得到很大的提高。在水解工段，粗的均酐产品在水解釜中加一定量的水和活性炭，加热水解后，经热过滤除去活性炭，冷却结晶再经过离心机甩干，得到均苯四甲酸粗产品，废液送污水装置处理。粗均酐与软水在95℃下水解生成均苯甲酸反应如下。

（1）水解反应

可见水解反应为吸热反应，因此在实际生产过程中需向水解釜提供热量维持水解反应在一定温度下进行，通常采用0.3MPa的低压蒸汽加热水解釜，维护水解反应在95℃左右。

（2）水解过程

由氧化工段生成的均酐粗产品，其水解过程通常在水解釜中进行。为了保证水解反应的顺利进行，水解过程需做到以下几点：

① 加入的软水量一定要大于生成均苯四甲酸完全溶解所需的水量，其值可通过表2-5的溶解度数据进行定量计算；

② 为了使生成的均酐产品中尽可能不含有色杂质，水解时需加入一定量的活性炭进行脱色，水解结束后，再经热过滤器除去活性炭；

③ 由水解反应可知，水解过程是吸热过程，因此，水解时需连续补充热量，通常采用0.3MPa的低压蒸汽加热水解釜，维护水解反应在95℃左右。

（3）结晶原理

均苯四甲酸在水中的溶解度如表2-5所示。

表 2-5　均苯四甲酸在水中的溶解度

温度/℃	25	50	70	90
溶解度/(g/100g 水)	1.5	5.0	12.0	30.0

由表2-5可知，随着水温的降低，均苯四甲酸的溶解度明显下降。因此，实际生产过程中将温度较高（95℃）的水解液通过结晶釜降温，使水解生产的均苯四甲酸结晶析出，从而实现重新将其与水分离的目的。

（4）结晶过程

加热水解后的水解液，需冷却才能将其中的均苯四甲酸结晶析出。工业生产中，水解液的冷却结晶可在结晶釜或结晶槽中进行。

对于第一捕集器出料后的水解液，通常采用在结晶釜内进行结晶。用结晶釜结晶，优点是生产效率高，单位时间内产量大，但需消耗冷却水，生产成本相对较高。

对于第二捕集器或第三捕集器料的水解液，通常采用在结晶槽内进行自然冷却结晶。此法无需消耗冷却水，生产成本相对较低，但结晶槽内的自然结晶速率较慢，生产能力较低，且需若干个结晶槽，占地面积大。

不管采用结晶釜结晶，还是在结晶槽内进行结晶，最终的结晶溶液均需通过离心机甩干，得到含有一定水分和少量杂质的均苯四甲酸粗产品。

2.3.1.3　脱水工段

在脱水工段，将水解工段得到的均苯四甲酸粗产品放入脱水釜中，在高温和真空的条件下，除去粗产品中的游离水和分子水生成均酐，同时除去低沸点的副产物。反应方程式如下：

2.3.1.4　升华结晶工段

升华结晶工段发生的是物理过程。升华是指物质直接从固态变成气态的过程，反升华则是气态物质直接凝结为固态的过程。升华结晶过程包括这两步，以实现把一个升华组分从含其他不升华组分的混合物中分离出来。在升华工段，将脱水工段得到的粗酐放入升华釜中，在高温和真空的条件下，使均酐升华结晶，进一步提高纯度，得到均酐的最终产品。

2.3.1.5　干燥工段

通过氧化工段、水解工段、脱水工段和升华结晶工段可得到均酐产品。如果要生产均苯四甲酸产品，将水解工段得到的均苯四甲酸粗产品到干燥工段通过干燥操作，脱去均苯四甲酸表面附着的水，得到均苯四甲酸最终产品。干燥工段采用两种干燥手段，一种是采用气流干燥（闪蒸），利用高速流动的热空气，使物料悬浮于空气中，在气力输送状态下完成干燥过程；另一种是采用真空干燥，通过蒸汽加热，在一定真空度和一定温度条件下，粗均苯四甲酸在真空圆锥体内靠筒身的转动，不断翻滚物料，湿物料吸热后蒸发的水汽通过真空系统（泵）抽出筒外，从而达到物料的干燥。

2.3.2　辅料原料及公用工程

2.3.2.1　辅助原料

均苯四甲酸二酐生产的主要原料为均四甲苯、空气中的氧气和软水。在实际生产过程中，对产品均苯四甲酸二酐的外观、含水量均有相当高的要求，因此，在生产过程中，为了达到脱色、脱水的要求，需添加辅助原料活性炭、硅胶和熔盐。

（1）活性炭

活性炭是黑色微细粉末，无臭无味，活性炭（767型，上海焦化厂活性炭厂）（江苏溧阳市活性炭联合公司）用作水解工段脱色使用。

（2）硅胶

粗孔不规则硅胶（$\phi 1 \sim 3mm$）。硅胶（青岛海洋化工厂）（上海硅胶厂）用作升华结晶工段吸水使用。

（3）熔盐

本装置所用熔盐是由硝酸钾与亚硝酸钠按 3：2（质量比）的比例混合而成的混合物。表 2-6 给出了两种熔盐混合物的熔点、沸点与组成之间的关系。

表 2-6 两种熔盐混合物的熔点、沸点与组成之间的关系

组分	质量分数/%	熔点/℃	沸点/℃	使用温度范围/℃
KNO_3	53			
$NaNO_2$	40	142	680	$350 \sim 530$
$NaNO_3$	7			
KNO_3	45	140	680	$350 \sim 530$
$NaNO_3$	55			

因熔盐的密度远大于空气，其热容量也较空气大，因此实际生产中采用熔盐移走反应热，可有效地控制反应床层温度在一比较适宜的温度范围内。

2.3.2.2 公用工程

化工企业的公用工程，主要包括循环冷却水系统、蒸汽加热系统、蒸汽动力循环系统、冷冻循环系统等。本装置的公用工程包括循环冷却水系统和蒸汽加热系统两部分。

（1）循环冷却水系统

① 封闭式循环冷却水系统。封闭式循环冷却水系统，采用封闭式冷却设备，循环水在管中流动，管外通常用风散热。除换热设备的物料泄漏外，没有其他因素改变循环水的水质。为了防止在换热设备中造成盐垢，有时冷却水需要软化（见水的软化）。为了防止换热设备被腐蚀，常加缓蚀剂；采用高浓度、剧毒性缓蚀剂时要注意安全，检修时排放的冷却水应妥善处置。

② 敞开式循环冷却水系统。冷却设备有冷却池和冷却塔两类，都主要依靠水的蒸发降低水温。再者，冷却塔常用风机促进蒸发，冷却水常被吹失。故敞开式循环冷却水系统必须补给新鲜水。由于蒸发、循环水浓缩，浓缩过程将促进盐分结垢（见沉积物控制）。补充水有稀释作用，其流量常根据循环水浓度限值确定。通常补充水量超过蒸发与风吹的损失水量，因此必须排放一些循环水（称排污水）以维持水量的平衡。

在敞开式系统中，因水流与大气接触，灰尘、微生物等进入循环水；此外，二氧化碳的逸散和换热设备中物料的泄漏，也改变循环水的水质。为此，循环冷却水常需处理，包括沉积物控制、腐蚀控制和微生物控制。处理方法的确定常与补给水的水量和水质相关，与生产设备的性能也有关。当采用多种药剂时，要避免药剂间可能存在的化学反应。

目前，几乎所有的化工企业都采用敞开式循环冷却水系统。

（2）蒸汽加热系统

在化工生产过程中，反应物料在进入反应器反应之前通常需要加热到催化剂的起活温度或某一特定的温度值，中低压水蒸气通常是用来加热的首选物料。

均四甲苯氧化制均苯四甲酸二酐的工艺，由于反应原料均四甲苯、产品均苯四甲酸二酐常温下都为固体，而氧化反应时物料都为气体。因此，在原料进入反应器之前必须加热熔化、汽化，在正常生产情况，即使反应热全部用来预热原料，仍然无法满足整个生产过程中所需的热量，必须有一定量的外供低压水蒸气才能维持整个装置的正常运行。

一个完整的蒸汽加热系统通常包括以下几个部分。

① 硬水净化、软化部分。该部分的作用将自然界的水——硬水（因自然界中的水含有

一定的钙、镁离子，故称硬水）通过过滤、净化、阴阳离子交换，成为去离子水——软水。

② 锅炉部分。软水用泵加压后送入锅炉，通过消耗燃料煤产生一定压力的水蒸气。

③ 冷凝水回收、补充部分。水蒸气在整个均苯四甲酸二酐生产装置中用于以下几个部分：输送均四甲苯物料管线的伴热、计量罐、过滤器、计量泵等设备的伴热与保温；均四甲苯的加热熔化；冷态开车作为空气预热器的加热介质，热空气用于催化剂床层、盐冷器的预热；水解釜夹套加热介质。

2.3.2.3 催化剂

由图 2-2 可知均四甲苯气相氧化反应产物较多，因此，反应选择性较低。需要优良的气相氧化催化剂，以提高反应选择性。均四甲苯在空气中气相氧化生成均苯四甲酸二酐的关键是催化剂的选择。

常用的均酐催化剂为表面涂层型催化剂，活性组分为 V_2O_5-TiO_2 等。二氧化钛使五氧化二钒高度分散，并抑制完全氧化的副反应，主催化剂的含量为催化剂总重量的 6.5% 左右。所采用的载体应该是比表面小、无孔、惰性载体，这样可以避免均四甲苯深度氧化生成多种副产物，甚至进一步燃烧生成二氧化碳和一氧化碳。瓷球、α-氧化铅和碳化硅都符合要求，可作为载体。

典型的催化剂组成如下。

① 主催化剂 五氧化二钒（V_2O_5）。

② 助催化剂 三氧化钼（MoO_3）、五氧化二磷（P_2O_5）、五氧化二硅（Si_2O_5）、二氧化钛（TiO_2）、硫酸钾（K_2SO_4）、三氧化钨（WO_3）、氧化钠（Na_2O）、五氧化二铌（Nb_2O_5）等。

③ 载体 瓷环。

根据催化剂中助催化剂的不同，目前用于均四甲苯氧化制均苯四甲酸二酐的催化剂主要有以下几种。

① V_2O_5-P_2O_5 催化剂。在 V_2O_5 中加入一定量的 P_2O_5 化合物，催化剂选择性明显提高，但其活性稍有下降，P_2O_5 的最佳含量为 V_2O_5 质量的 15%。实验结果见表 2-7。

表 2-7 V_2O_5 催化剂上均四甲苯的氧化

催化剂	反应温度/℃	转化率/%	PMDA 选择性/%
V_2O_5	350	98.3	38.3
	400	100.0	微量
	450	100.0	微量
V_2O_5-P_2O_5	400	40	34.2
	450	100.0	54.6

② V_2O_5-P_2O_5-Al_2O_3 催化剂。在 V_2O_5-P_2O_5 催化剂的基础上，加入了 Al_2O_3，在一定程度上可改善催化剂的选择性能，有人在 V_2O_5-P_2O_5-Al_2O_3（10∶1.5∶100）催化剂上考察了空速对均四甲苯氧化结果的影响，当空速为 $5000h^{-1}$，温度为 400℃ 时，PMDA 选择性最高为 42%，此时均四甲苯的转化率为 100%。

③ V_2O_5-MoO_3-P_2O_5 催化剂。以锐钛型二氧化钛为载体，以钒为主组分（V_2O_5-MoO_3-P_2O_5）的三组分催化剂，反应温度 380～390℃，空速 8000～9000h^{-1} 制得粗酐，对原料均四甲苯的收率平均为 100%（质量分数）左右，粗酐纯度为 95%，催化剂负荷 60gPMDA/(L·h)。

④ V-Ti 体系五元组分催化剂。有人筛选出了活性、选择性高、稳定性好、寿命长的 V-Ti 体系五元组分催化剂，利用新型热管反应器，在反应温度 440～460℃、空速 6000～

$7000h^{-1}$ 和催化剂负荷为 $90\sim100g$（均四甲苯）$/(L\cdot h)$ 下，固酐收率为 $90\%\sim100\%$，PMDA 纯度达 $97\%\sim98\%$。

2.3.2.4　质量收率

不管采用何种类型的催化剂，均四甲苯氧化反应中原料的转化率都可达 100%。实际生产过程中，通常采用质量收率来评价催化剂的性能好坏和判断反应条件的控制好坏。

（1）均四甲苯氧化制均苯四甲酸二酐的理论质量收率（y_{id}）

均四甲苯氧化制均苯四甲酸二酐的理论质量收率按反应系统只发生主反应进行计算

$$C_{10}H_{14}+6O_2 \longrightarrow C_{10}H_2O_6+6H_2O$$

$$y_{id}=\frac{M_{C_{10}H_2O_6}}{M_{C_{10}H_{14}}}=\frac{218}{134}=162.7\%$$

（2）均四甲苯氧化制均苯四甲酸二酐的实际质量收率（y_{real}）

均四甲苯氧化制均苯四甲酸二酐的实际质量收率为：

$$y_{real}=\frac{m_T}{m_R}\times100\%$$

式中　m_T——粗酐产品总量，kg；

　　　m_R——均四甲苯原料量，kg。

由于均酐产品通常包括第一捕集器至第四捕集器的产品总量，而这些粗产品中除含的主反应产物均苯四甲酸二酐外，还有一定数量的副反应产物。因此，实际质量收率不能十分正确地反映出均苯四甲酸二酐的真实质量收率，目前，均四甲苯氧化制均苯四甲酸二酐的实际质量收率在 95% 左右，可见，与理论质量收率相比还存在很大的差距。

2.3.3　均酐工艺生产流程

2.3.3.1　氧化工段工艺流程（工艺流程图参见附录）

将原料均四甲苯加入均四甲苯化料槽 V0101 中，在化料槽底部的蛇管内通入蒸汽加热熔化均四甲苯。熔化后的均四甲苯经均四甲苯输送泵 P0101，加入均四甲苯计量罐 V0102 中。均四甲苯计量罐夹套需通少量蒸汽保温至。液态均四甲苯经 S0101 均四甲苯过滤器过滤后，由均四甲苯计量泵 P0102 定量地送入汽化混合器 X0201 内。

原料空气经罗茨风机 C0101、空气缓冲罐 V0104 出来后经第三捕集器 V0403、第二捕集器 V0402、第一捕集器 V0401 的管间与反应混合气体换热后，再经空气预热器 E0101、第二换热器 E0402、第一换热器 E0401 进一步换热后进入汽化混合器 X0201。

在汽化混合器 X0201 中，均四甲苯与热空气均匀混合汽化后由氧化反应器 R0201 的上部进入。氧化反应器为列管式固定床反应器，列管内均匀填装催化剂，管外由熔盐加热。熔盐在熔盐槽 V0301 中由电热棒加热、控温，经熔盐液下泵 P0301 进入反应器下部，经分配后进入管间。氧化反应产生的热量由熔盐带出，熔盐在熔盐冷却器 E0301 中与通入的冷空气换热降温后返回熔盐槽。在反应过程中始终保持熔盐循环。

均四甲苯与空气混合物在氧化反应管内催化剂的作用下，反应生成均酐、副产物及完全氧化产物二氧化碳、水，反应后的反应气经第一、二换热器 E0401、E0402 管内与壳程的空气换热降温，再经热管换热器 E0403 进一步降温后依次进入第一、二、三、四捕集器捕集。进入捕集器的反应气体与壳程的空气换热降温后凝华生成固体粗产品，落在捕集器底部。捕集器为二列切换操作，一列捕集，另一列冷却后出料备用。经捕集后的反应尾气由下部进入水洗塔 T0501，水洗池中的水经水洗泵 P0501，由水洗塔上部 T0501 喷入，尾气经水吸收后放空，水洗液送污水处理装置处理。

氧化工段生产流程框图见图 2-3。

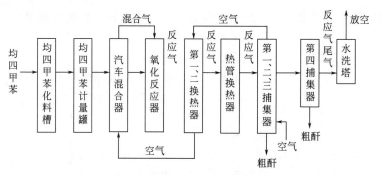

图 2-3　氧化工段生产流程框图

2.3.3.2　水解工段工艺流程（工艺流程图参见附录）

氧化工序得到的粗酐含有一定量的副产物，需经水解、脱水、升华进行精制，根据各捕集器得到粗产品的质量情况分别进行一次或两次水解甚至多次水解。

在水解釜 R0601 中加入一定量的粗酐，由软水罐 V0605 经软水泵 P0603 定量加入水，釜内根据需要加入一定量的活性炭，搅拌下通蒸汽加热水解，反应一定时间后，保温下经水解过滤器 S0601 热过滤。过滤前过滤器需通蒸汽预热。为加速过滤，在过滤后期可向水解釜内稍加空气压滤，空气由小空压机 C0601 提供。为了过滤完全，在结晶釜 R0602 前又加了一个过滤器 S0602，进行二道过滤。

热过滤滤液根据水解粗产物的质量不同作不同处理。一般情况下，第一捕集器物料可进入中间槽 V0601 经中间槽泵 P0601 送至结晶釜 R0602，中间槽的夹套内通循环冷却水，搅拌下冷却结晶。第二捕集器、第三捕集器水解产物进入结晶槽 V0602，自然冷却结晶。

自结晶釜的物料经离心机 M0601 离心分离后，送脱水、升华工段。自结晶槽出来的物料经离心分离后视质量情况送脱水、升华工段或返回水解釜作二次水解，需进行二次水解的物料，一般第一次水解时不加活性炭、二次水解时再加活性炭。

水解工段生产流程框图见图 2-4。

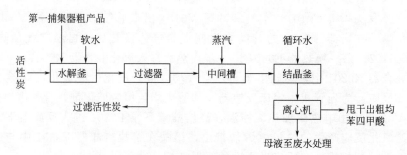

图 2-4　水解工段生产流程框图

2.3.3.3　脱水、升华结晶工段工艺流程

来自水解工段的物料，均匀加入不锈钢制小舟中，打开脱水釜快开盖，将小舟放入列管中，在一定的温度和真空下脱水和副产物。脱水釜的热量由熔盐提供，熔盐由电加热控温。脱水在真空状态下进行，真空由水箱、水喷射泵、水循环泵以及缓冲罐组成的真空系统提供。

　　脱水后,小舟从脱水釜取出送至装料间,冷却后在小舟表面加入一定量的硅胶。打开升华釜端盖,依次将小舟送入升华釜各列管中,在一定的温度和真空下升华结晶得到均苯四甲酸二酐产品。升华釜热样由熔盐提供,熔盐由电加热控温。升华在真空状态下进行,真空由真空系统提供。

2.3.3.4　干燥工段工艺流程

　　由水解工段得到的粗均苯四甲酸产品在干燥工段采用气流干燥和真空干燥两种干燥手段进行干燥,脱去表面附着的水,得到均苯四甲酸产品。

　　气流干燥(闪蒸)是利用高速流动的热空气,使物料悬浮于空气中,在气力输送状态下完成干燥过程。操作时,热空气由风机送入气流管下部,以 2040m/s 的速度向上流动,湿物料由加料器加入,悬浮在高速气流中,并与热空气一起向上流动,由于物料与空气的接触非常充分,且两者都处于运动状态,因此,气固之间的传热和传质系数都很大,使物料中的水分很快被除去。被干燥后的物料和废气一起进入气流管出口处的旋风分离器,废气由分离器的升气管上部排出,干燥产品则由分离器的下部出料口引出。

　　真空干燥是一种间歇式操作装置,通过夹套内蒸汽加热,在一定真空度和一定温度条件下,粗均苯四甲酸在真空圆锥体内靠筒身的转动,不断翻滚物料,湿物料吸热后蒸发的水汽通过真空系统(泵)抽出筒外,从而达到物料的干燥。

2.3.4　均酐各工段主要工艺参数

2.3.4.1　氧化工段

　　反应器热点温度:435~445℃;　　　　　　熔盐温度:380~390℃;

　　催化剂负荷:50~60g/(L·h);　　　　　　风量:2100~2300m³/h;

　　汽化器温度:210~220℃;　　　　　　　　第一捕集器入口温度:210~220℃。

2.3.4.2　水解工段

　　水解温度:95℃;　　　　　　　　　　　　结晶温度:<30℃;

　　粗酐:水:活性炭=1:5:0.05(第一捕集器产品);

　　粗酐:水:活性炭=(1:4)~(4.5:0.05)(第二、三捕集器产品)。

2.3.4.3　脱水工段

　　熔盐温度:230℃;真空度 0.0995MPa。

2.3.4.4　升华结晶工段

　　熔盐温度:250℃;真空度 0.0999MPa。

2.3.4.5　干燥工段

　　闪蒸干燥混合温度:120~140℃;

　　真空干燥真空度:0.0995MPa。

2.3.5　主要控制点汇总

　　(1)氧化、水解工段

　　氧化、水解工段主要控制点见表 2-8。

表 2-8　氧化、水解工段主要控制点

序号	位号	描述	说明	正常值
1	TI101	化料槽温度测量	显示、指示、记录	100℃
2	TI102	计量罐温度测量	显示、指示、记录	100℃
3	LIA101	化料槽液位测量	显示、指示、记录、报警	1.0m
4	LIA102	计量罐液位测量	显示、指示、记录、报警	1.2m
5	TICA202	汽化器出口温度测量、控制	指示、控制、报警、联锁	228℃
6	TI203	反应器熔盐进口温度测量	显示、指示、记录	380℃
7	TI204	反应器管程床层温度测量（上）	显示、指示、记录	425℃
8	TICA205	反应器管程床层温度测量（中）	指示、控制、报警、联锁	435℃
9	TI206	反应器管程床层温度测量（下）	显示、指示、记录	420℃
10	TI207	反应器壳程熔盐温度测量（上）	显示、指示、记录	381.32℃
11	TI208	反应器壳程熔盐温度测量（中）	显示、指示、记录	382℃
12	TI209	反应器壳程熔盐温度测量（下）	显示、指示、记录	380.5℃
13	TI301	熔盐槽温度测量	指示、控制	380℃
14	TI303	熔盐冷却器出口温度测量	显示、指示、记录	380℃
15	TI304	熔盐冷却器出口温度测量	显示、指示、记录	100℃
16	FICQ401	第三捕集器进口流量测量、控制	显示、指示、记录、积算	2200m³/h
17	TICA405	热管出口温度测量、控制	指示、控制、报警	215℃
18	TI406A	第一捕集器A产品出口温度测量	显示、指示、记录	175℃
19	TI406B	第一捕集器B产品出口温度测量	显示、指示、记录	175℃
20	TI407A	第二捕集器A产品出口温度测量	显示、指示、记录	135℃
21	TI407B	第二捕集器B产品出口温度测量	显示、指示、记录	135℃
22	TI408A	第三捕集器A产品出口温度测量	显示、指示、记录	95℃
23	TI408B	第三捕集器B产品出口温度测量	显示、指示、记录	95℃
24	FIQ501	水洗塔尾气进料流量测量	显示、指示、记录、积算	2500m³/h
25	FICQ502	水洗泵出口流量测量、控制	指示、控制、累积	10.8m³/h
26	TI501	水洗塔尾气进料温度测量	显示、指示、记录	75℃
27	TI502	水洗塔尾气出口温度测量	显示、指示、记录	40℃
28	TI503	水洗塔进口水温度测量	显示、指示、记录	25℃
29	TI504	水洗塔出口水温度测量	显示、指示、记录	28℃
30	LIA501	水洗塔塔底液位测量	指示、记录、报警、联锁	48cm
31	PI501	水洗泵出口压力测量	指示、记录	0.15MPa
32	FIQ604	软水泵出口流量测量	指示、记录、积算	最大1.5kg
33	TIA601	水解釜内液相温度测量	指示、记录、报警	95℃
34	TI602	结晶釜内温度测量	指示、记录	30℃
35	LIA601	软水罐液位测量	指示、控制、报警、联锁	1m

（2）脱水、升华结晶、干燥工段

脱水、升华结晶、干燥工段主要控制点见表2-9。

表 2-9　脱水、升华结晶、干燥工段主要控制点

序号	位置	正常值	类型	控制情况
1	脱水釜脱水温度	230℃	指示	现场
2	升华釜升华温度	250℃	指示	现场
3	脱水真空缓冲罐真空度	0.0995MPa	指示	现场
4	升华真空缓冲罐真空度	0.0999MPa	指示	现场
5	闪蒸干燥进风温度	280℃	指示	现场
6	闪蒸干燥混合物温度	120℃	指示	现场
7	闪蒸干燥排气温度	80℃	指示	现场
8	闪蒸干燥加料速度	800	指示	现场
9	真空干燥转速	600r/min	指示	现场
10	真空干燥真空度	0.0995MPa	指示	现场
11	真空干燥温度	120～30℃	指示	现场

2.3.6　操作控制方案

2.3.6.1　均四甲苯进料浓度

为使反应正常进行，转化率高，要求维持进入反应器的各种物料量恒定，配比符合要求。进入氧化反应器的原料为均四甲苯与空气的混合气体，进料中均四甲苯的浓度对氧化反应至关重要，所以需控制最适合的原料浓度。根据工艺流程，液相的均四甲苯由计量泵 P0102 输出进入汽化混合器 X0201，空气来自空气缓冲罐 V0104，经过换热后进入汽化混合器与均四甲苯混合将其汽化。本装置中，混合气中的均四甲苯浓度采用比值控制方案。在计量泵出口安装流量检测仪表，显示记录输出的均四甲苯的流量累计值；在欲进入捕集器进行换热的空气管线上安装流量检测仪表，显示记录空气的流量累计值。将两个流量累计值之比与正常的比值 K_1 进行比较，比较信号传输到安装在空气管线上的自调阀上，自调阀动作，最终将进料气流中均四甲苯的浓度控制在 0.133%（摩尔分数）左右，均四甲苯进料浓度控制方案见图 2-5。

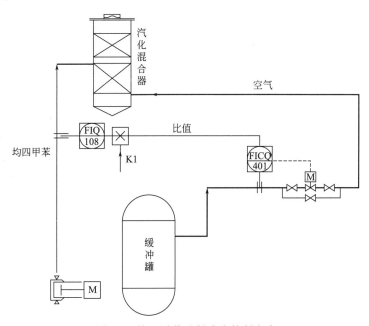

图 2-5　均四甲苯进料浓度控制方案

2.3.6.2　汽化混合器出口温度

汽化器出口温度是重要的控制参数，控制方案如图 2-6 所示。进入汽化器的空气有两股，一股是经过第三、二、一捕集器，空气预热器，第二、一换热器换热后的热空气；另一股从空气缓冲罐出来直接进入汽化器的冷空气，两股空气混合保证汽化器的出口温度在 210～220℃。在汽化器出口管路上装测温仪表，温度信号传递到安装在冷空气管路的自调阀上，自调阀动作，通过调节进入汽化器的冷空气的流量来达到控温的目的。

2.3.6.3　氧化反应器热点温度

前面已讲述氧化反应器热点温度的重要性，本装置热点温度控制在 435～445℃。由于氧化反应复杂，影响因素较多，容量较大，滞后现象比较严重，即控制变量的变化要经过一

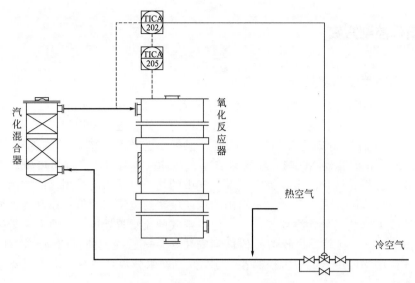

图 2-6　汽化器出口温度控制方案

个较长的时间才能对被控变量起作用,这样明显造成控制作用不及时,使系统控制变差。当对象的容量滞后较大,负荷或干扰变化比较剧烈、比较频繁,或是工艺对产品质量提出的要求很高,此时,采用简单控制系统无法满足要求,可以采用串级控制系统。本装置热点温度的控制与汽化器出口温度采用串级控制,采用两个调节器,调节器之间相串联,氧化反应器热点温度的输出作为汽化器出口温度调节器的设定值见图 2-6。

2.3.6.4　热管换热器出口温度

热管换热器的作用是进一步降低氧化反应气的温度,为捕集做准备。本装置热管换热器的出口温度欲控制在 210～220℃。为了控制此温度,在热管换热器出口设置自动控制系统,通过调节进入热管换热器冷凝端的软水流量来达到控温的目的,控制方案如图 2-7 所示。

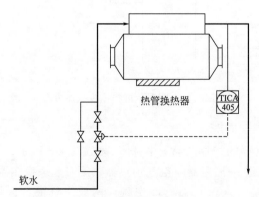

图 2-7　热管换热器出口温度控制方案

2.3.6.5　水洗塔水洗液流量

水洗塔的作用是处理从第四捕集器出来的氧化尾气,水洗液流量采用比值控制系统控制。控制进入水洗塔底部的尾气流量与水洗液的流量在一定的比例范围之内,保证水洗液能对氧化尾气完全处理,同时不造成浪费。控制方案见图 2-8。

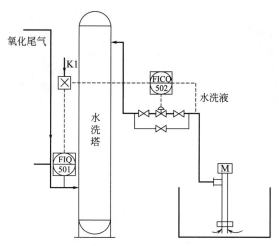

图 2-8　水洗塔水洗液流量控制方案

2.3.6.6　氧化、水解工段联锁设置

在化工企业生产中，为防止发生装置爆炸、着火、人员伤亡、中毒以及其他生产事故的发生，会对有危险性的生产部位、关键设备、影响产品质量、产量等关键环节设置联锁系统。当生产出现异常时，就通过继电系统使装置局部或全部停车。联锁的设置可以解决温度、压力、流量、液位及可燃有毒气体浓度等工艺指标超限的问题。本装置主要涉及氧化反应，反应温度较高，危险性较大，需要严格控制重要的工艺指标。为了防止人在危险时刻判断的主观性带来的严重后果，在重要的环节设置了联锁系统，见表 2-10。

表 2-10　氧化、水解工段联锁

序号	位号	监测点设备	说明	执行设备
1	TICA202	汽化混合器	汽化器出口温度≥250℃	罗茨风机
2	TIC205	氧化反应器	反应器管程床层温度≥450℃	计量泵
3	P0301	熔盐泵	熔盐泵状态(无电流或出口无流量)	计量泵
4	C0101	罗茨风机	风机状态(无电流或出口无流量)	计量泵
5	LIA601	软水装置	软水罐液位 $L=0.3m$　$SL=0.2m$	软水泵

2.4　均酐生产装置开、停车操作

2.4.1　均酐生产装置开停车操作规程

均酐生产装置示意如图 2-9 所示。

在化工生产中，开停车的生产操作是衡量操作工人水平的一个重要标准。随着化工先进生产技术的迅速发展，机械化、自动化水平的不断提高，对开停车的技术要求也越来越高。开停车进行的好坏，准备工作和处理情况如何，对生产的进行都有直接影响。

2.4.1.1　均酐生产装置氧化工段操作规程

（1）压缩空气单元

本单元设置一台高压头罗茨鼓风机，应进行单机试车。

① 检查罗茨鼓风机所属各部件及润滑系统。

(a) 均酐装置现场设备

(b) 冷态开车操作现场

(c) 中央控制室操作站

(d) 现场仪表

(e) DCS系统维护工作站

(f) 监控画面

图 2-9　均酐生产装置示意图

② 开启冷却水阀门，调整好所需水量。

③ 打开管路全部放空及回流阀门。

（2）氧化单元及附属设备单元

① 检查熔盐泵：检查熔盐泵润滑及运转系统是否良好、所属各部位连接及密封性、冷却系统。

② 清理反应器列管内外铁锈等杂物。反复用铁刷除去列管内锈斑，再用棉布去油污和锈迹。为催化剂装填做准备。

③ 检查反应器上下防爆口、防爆膜。

④ 检查全部系统应无泄漏。

⑤ 均四甲苯化料泵、计量泵、定量计量泵、流量计等安装是否合理，蒸汽保温系统是否可靠。

（3）捕集回收单元

① 检查两组八个捕集器的安装、保温是否合理。

② 检查水洗塔、液下泵运转是否正常，应进行单机试车。

③ 调节好循环水的循环水量。

2.4.1.2　均酐生产装置水解工段操作规程

① 清洗、检查水解釜、结晶釜。

② 检查搅拌电机及减速机的润滑油位是否达到要求液位。启动搅拌，观察运转是否正常（水解釜、结晶釜）。

③ 水解过滤器加好滤布。

④ 启动小空压机给水解釜加压。压力为 0.1～0.15MPa，首先检查水解釜的密封性，然后检查水解过滤器的密封性。

⑤ 检查水罐及水泵是否正常。

⑥ 检查离心机运转是否正常。

2.4.1.3　均酐生产装置脱水、升华结晶工段操作规程

① 加熔盐：按硝酸钾∶亚硝酸钠＝3∶2（质量比）的比例混合后，边加热边不断加入

脱水釜、升华釜列管的管间。此期间电热棒功率要求只使用 1/3~2/3。

② 检查整个真空系统密封性是否良好，能否达到真空度要求。

③ 检查所有的机动设备，如真空泵、离心水泵、引风机等运转是否正常，润滑系统是否符合要求。

④ 清理脱水釜、升华釜内所有脏物、锈斑，特别是放小舟的列管内、内套筒小舟等。

2.4.1.4 均酐生产装置真空干燥工段操作规程

① 放掉真空管路中的积水，开启真空泵检查，管道连接处，填料函上是否泄漏，进出料口密封是否良好，真空表反应是否灵敏。

② 检查电控柜各仪表、按钮、指示灯是否正常，检查接地线是否良好，有无漏电、短路现象存在。

③ 启动电机空车运转，听噪声是否正常，若不正常，应检查出噪声的来源，并加以排除。

2.4.2 均酐生产装置开停车操作步骤

2.4.2.1 均酐生产装置氧化工段开、停车操作步骤

（1）开车操作步骤

① 熔盐的熔化、升温：为了降低熔点，是将硝酸钾：亚硝酸钠＝3∶2（质量比）的比例混合后加入熔盐槽 V0301。进行电加热，随熔化随加熔盐至全部加完。熔化后以 20℃/h 的速度升温至 250~300℃，待氧化反应器 R0201 预热后打入反应器并循环。

② 氧化反应器的预热：氧化反应器 R0201 填装催化剂后在熔盐循环之前应进行预热。空气通过空气预器 E0101，与水蒸气换热后将反应器床层吹热至 100~110℃。停掉空气后立即将熔化好了的熔盐打入反应器壳程，并循环 4h。停泵后打开反应器上、下手孔，检查反应器上、下管板是否有熔盐渗漏。

③ 熔盐冷却器的预热：开热空气将盐冷器吹热至 80℃以上；停空气预热器蒸汽，停风机；开循环水及熔盐泵。

④ 催化剂活化：熔盐泵停下后，熔盐自动返回熔盐槽 V0301 中。继续升温，在此期间为了保持反应器内 200℃，间断开启熔盐泵 P0301，当熔盐槽升至 450~470℃时，循环熔盐，开罗茨风机 C0101 送空气，空气量为 200~300m³/h。当床层温度达到 450℃时，视为活化开始。在此风量和温度下，保持 8h，活化结束。当热点位置下移较多，熔盐温度升高，产率下降时应进行催化剂活化。3~4 个月活化一次。

⑤ 氧化反应器降温：停止电加热，打开熔盐冷却器的冷空气阀门，开大风量，对反应器进行降温至 400℃，准备投料。

⑥ 均四甲苯标定：一定量的均四甲苯投入化料槽 V0101 中，通蒸汽加热使物料熔化，并保持温度 90~100℃。蒸汽预热计量罐 V0102、过滤器 S0101、计量泵 P0102 及相关管路至 100℃。计量泵 P0102 标定：开均四液下泵 P0101，将均四甲苯打入计量罐 V0102 中。打开进入汽化器 X0201 管路，启动计量泵 P0102。以实际称量的方法进行标定。

⑦ 投料：当反应器 R0201 床层温度在 395~400℃，汽化器 X0201 温度在 160~180℃，第一捕集器 V0401 入口在 160℃以上时，开水洗塔水洗泵 P0501，连接计量泵与汽化器的接口，空气量调整为 1000~1500m³/h。开均四甲苯计量泵 P0102，投料试车。

投料按由低到高逐渐增加的原则进行。在热点已经上升，反应开始正常运行后，逐渐调

整熔盐温度及风量至正常操作条件。

（2）停车操作步骤

① 关闭均四甲苯计量泵，停止进料。

② 继续运转 10～15min，待反应器热点温度低于 400℃ 时，关闭罗茨鼓风机，停风。

③ 关停熔盐泵，使反应器熔盐全部自流回熔盐槽。

④ 停止空气预热器蒸汽加热，关掉蒸汽阀门。

⑤ 停止送风后，待尾气压力接近常压，关停水洗泵。

⑥ 间歇开动熔盐泵，使反应温度不低于 200℃。

（3）紧急停车操作步骤

遇有紧急情况，先关停均四甲苯进料泵，然后才可停止其他设备运转。

2.4.2.2　均酐生产装置水解工段开、停车操作步骤

（1）开车操作步骤

① 投料前应以水带料进行试车。方法是将本工段各釜加一定量的水，开搅拌，蒸汽加热后，从各相应设备管路中放出。观察有无泄漏，顺便冲洗设备和管路。

② 投料：开软水泵 P0603，向水解釜 R0601 内打入软水 1500kg，搅拌下加入第一捕集器粗酐 300kg、活性炭 15kg，封闭手孔。开冷凝器 E0601 冷凝水，开蒸汽阀加热。当釜内物料温度升至 95℃ 时，恒温 0.5～1.0h。待过滤器 S0601 预热后，开釜底阀进行热过滤。当过滤速度慢时，开空压机 C0601 向釜内加压 0.05～0.1MPa。完毕后，清洗过滤器 S0601 待用。开中间槽泵 P0601，将滤液送入结晶釜。搅拌下在釜夹套内加入循环水进行冷却结晶（开始时冷却速度慢些）。当釜温冷至 20～30℃ 时，开釜底阀，物料流入离心机 M0601。间歇放料，间歇离心。离心出的均苯四甲酸送去脱水、升华工段。第二、三捕集器产品水解时，视情况要进行 2～3 次水解。此时，第一次水解时不加活性炭，水解温度为 95℃。其滤液进结晶槽，自然冷却结晶后去离心，离心后的产物重新投入水解釜内加活性炭进行第二次水解，冷却结晶，离心分离后送脱水、升华工段。

（2）停车操作步骤

① 停止加料。

② 关闭水解釜蒸汽阀门、关闭水解釜旋转电机。

③ 关闭结晶釜搅拌电机。

④ 出料离心。

⑤ 清理水解现场。

2.4.2.3　均酐生产装置脱水、升华结晶工段开、停车操作步骤

（1）脱水开车操作步骤

将水解工段送来的均苯四甲酸，在装料池内装入小舟内压实刮平，逐一送入脱水釜内列管中，封闭釜端盖，开喷射真空系统，开脱水熔盐电加热，在熔盐温度保持 230℃、真空度保持 0.095MPa 下，保持 6～8h，即可出料。将小舟拉出，稍冷后送回装料间待用。清理釜腔及管路副产物后重新投料。

（2）升华结晶开车操作步骤

在脱水后小舟的物料上均匀撒一层约 1cm 厚的硅胶，逐一放入升华釜列管中，密封釜端盖。开水环罗茨泵，开升华熔盐电加热，在熔盐温度为 250℃、真空度为 0.0995MPa 下，维持 6～8h，即可出料。开釜门，稍冷后清理釜腔壁上的产品，检验、包装。将釜内列管中小舟抽出，送至装料间，倒出废硅球，清洗小舟，放好待用。

（3）停车操作步骤

① 停止熔盐电加热。

② 停止真空系统。

③ 泄压，出料。

④ 清理现场。

2.4.2.4　均酐生产装置真空干燥工段开、停车操作步骤

（1）开车操作步骤

① 将干燥物料加入容器内，然后关闭进料孔盖。

② 关闭放空阀，然后开真空泵，使干燥容器内呈现负压。

③ 合上电源开关，启动电机，按下工作按钮，干燥电机开始旋转工作。

④ 开启蒸汽阀门，让蒸汽进入干燥容器夹层。

⑤ 运行过程中，始终观察检查真空度、温度、旋转是否正常，并做记录。

⑥ 物料干燥完成后，待检验合格后，先关蒸汽阀门，打开真空放空阀门，打开放空阀门，停止抽真空，关闭电机，停止干燥旋转，打开孔盖出料。

（2）停车操作步骤

① 停电机旋转后，出料口向下。

② 关蒸汽阀门。

③ 关真空泵，放空真空度。

④ 打开放料阀门放料。

2.4.2.5　均酐生产装置闪蒸干燥工段开、停车操作步骤

（1）开车操作步骤

① 检查疏水器阀门是否全开。

② 打开控制电源。

③ 开蒸汽阀（通知锅炉房送蒸汽）。

④ 开引风机、送风机、电加热、可调电加热等，主机调速为 800r/min（根据需求调节），检查设定温度。

⑤ 打开空压机阀，看运行是否正常。

⑥ 打开脉冲仪电源。

⑦ 调节干燥速度，打开加料机（温度在 220℃ 以上）。

⑧ 混合温度在 120～140℃。

⑨ 开关风机，装袋计量。

（2）停车操作步骤

① 停加料电机。

② 停电加热、停可调加热、停蒸汽。

③ 停主机、空压机、关风机。

④ 待温度降至 50～60℃，停送风机、引风机。

⑤ 关总电源。

⑥ 清理加料斗，掏出余料。

⑦ 清理放料管，掏出积料。

⑧ 清理磅秤。

⑨ 清理地面及环境。

2.5 均酐生产装置仿真操作

2.5.1 仿真系统简介

化工仿真培训系统是系统仿真技术应用的一个重要分支。主要用于化工生产装置操作人员开车、停车、事故处理等过程的操作方法和操作技能的培训。仿真培训可以在短时间内使操作人员的操作水平大幅度提高，是一种为绝大多数化工企业和职教部门所认同的、先进的、高效率的现代化培训手段。

2.5.2 化工仿真系统结构

仿真培训系统应根据仿真对象的不同和应用对象的不同采用不同的结构，设置不同的培训功能。北京东方仿真控制技术有限公司的仿真培训系统产品有两种不同的结构形式。一种是 PTS 结构（Plant Training System），用于针对装置级仿真培训系统，适合于化工企业在岗职工的培训；另一种为 STS 结构（School Teaching System），用于单元级和工段级仿真培训软件，适用于大中专学校及职业技术学校学生和工厂新职工的基础培训。本书所介绍的化工单元仿真教学系统就是 STS 结构。

2.5.2.1 PTS 结构

如图 2-10 所示，PTS 的硬件系统是由一台上位机（教师指令台）和最多十台下位机（学员操作站）构成的网络系统。

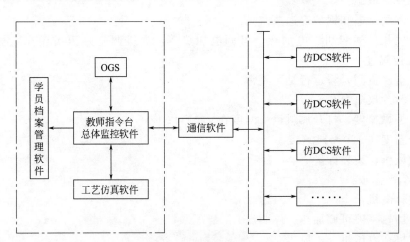

图 2-10 PTS 软件结构示意

（1）教师指令台上运行

① 教师指令台总体监控软件：是教师的操作界面，也是整个仿真培训系统的控制中心。可进行培训内容选择、培训功能设置等。

② 工艺仿真软件：是总体监控软件调用的一个或几个子过程，主要进行工艺仿真模型的计算。

③ OGS（Operation Guiding & Grading System）：是学员的工艺操作指导及操作结果诊断和评定，它与总体监控软件通过 DDE 进行信息交换。

④ 学员档案管理软件：学员接受仿真培训的档案管理。

（2）学员操作站上运行

仿 DCS 软件：是学员进行仿真培训的操作界面。它不仅包括实际 DCS 中的操作画面和控制功能，同时还包括现场操作画面；PTS 结构的仿真培训系统具有以下主要特点。

① 总体监控软件和工艺仿真软件生成一个执行程序，在教师指令台上运行，因此只能联网培训。

② 采用协作操作方式，即各个学员操作站之间相互协调配合共同操作同一个工艺仿真软件。这与实际生产中的操作方式相同。

2.5.2.2　STS 结构

如图 2-11 所示，STS 的硬件系统是由一台上位机（教师指令台）和多台下位机（学员操作站）构成的网络系统。

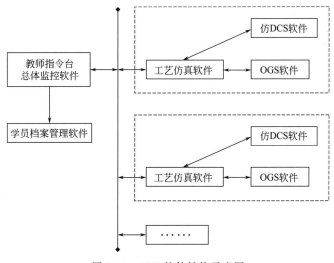

图 2-11　STS 软件结构示意图

（1）教师指令台上运行

① 教师指令台总体监控软件：是整个仿真培训系统的控制中心和教师的操作界面。用于培训内容选择、培训功能设置等。

② 学员档案管理软件：是学员接受仿真培训的档案管理。

（2）学员操作站上运行

① 工艺仿真软件：主要进行工艺仿真模型的计算，同时具有培训内容选择、培训功能设置等功能（在教师指令台授权时）。

② OGS（Operation Guiding & Grading System）：学员工艺操作指导，操作结果诊断和评定，它与工艺仿真软件之间通过 DDE 进行信息交换。

③ 仿 DCS 软件：是学员进行仿真培训的操作界面。它不仅包括实际 DCS 中的操作画面和控制功能，同时还包括现场操作画面，它与工艺仿真软件进行实时数据交换。

（3）STS 结构的仿真培训系统主要特点

① 系统容量大，可同时进行 50 人，甚至更多人的培训。

② 工艺仿真软件和仿 DCS 软件同时在学员操作站上运行，使每台学员操作站可以进行单机培训。

③ 采用竞争操作方式，即各个学员操作站之间互不影响，各自操作自己的工艺仿真软件，这与教学要求相一致。

2.5.3　仿真操作过程基本概念

2.5.3.1　现场

在化工厂中，设备和管线摆放的地方称为现场。

2.5.3.2　操作站

操作站位于工厂中央控制室中。操作员可以通过操作站的 CRT 监视装置运行动态。要监视的内容包括：生产过程的流程图，操作画面上可显示的动态数据；报警显示；回路细目显示。此外，操作员可以通过键盘设置变量，改变给定点的输出、控制器算法和操作方式。还可以通过工程师键盘建立数据库和对控制策略、监控画面及报表等进行组态或者修改。

2.5.3.3　流程图画面

流程图画面有 DCS 图和现场图两种。

（1）DCS 图

DCS 画面是在控制站的 CDT 上显示的流程图及动态数据。操作员可通过 DCS 画面对装置运行情况进行多方面的监视。实际生产中，许多操作是在控制室内通过 DCS 画面完成的。本软件中 DCS 图画面和工厂 DCS 控制室中的实际操作画面一致。在 DCS 图中显示所有工艺参数，包括温度、压力、流量和液位，同时在 DCS 图中只能操作自控阀门，而不能操作手动阀门和泵及其他动设备的开、停。

（2）现场图

现场图是仿真软件独有的，是把在现场操作的设备虚拟在一张流程图上。在现场图中只可以操作手动阀门，而不能操作自控阀门。

流程图画面是主要的操作界面，包括流程图、显示区域和可操作区域。在流程图操作画面中当鼠标光标移到可操作的区域上面时会变成一个手的形状，表示可以操作。鼠标单击时会根据所操作的区域，弹出相应的对话框。如点击按钮"去 DCS"可以切换到 DCS 图，但是对于不同风格的操作系统弹出的对话框也不同。

2.5.3.4　阀门控制

物料管线上的阀门可以被多种元件所控制，因此阀门的叫法也有多种。

（1）开关阀

由开关控制。在现场画面进行操作。

（2）手操阀

由手操器控制。阀的开度的变化范围为 $0 \sim 100\%$。本软件所有手操阀都画在现场画面上。

（3）调节阀

由调节器控制。阀开度的变化范围为 $0 \sim 100\%$。本软件所有调节阀都画在 DCS 画面上。

2.5.4　均酐装置仿真软件程序操作

2.5.4.1　学员站启动方式

学员站启动有两种方式：

① 双击桌面快捷图标"均酐生产工艺仿真操作培训系统"：

② 通过"开始菜单——所有程序——东方仿真——均酐生产工艺仿真操作培训系统"启动软件。

2.5.4.2　运行方式选择

系统启动之后会出现主界面，输入"姓名、学号、机器号"，设置正确的教师指令站地址（教师站 IP 或者教师机计算机名），同时根据教师要求选择"单机练习"或者"局域网模式"，进入软件操作界面。

单机练习：是指学生站不连接教师机，独立运行，不受教师站软件的监控。

局域网模式：是指学生站与教师站连接，老师可以通过教师站软件实时监控学员的成绩，规定学生的培训内容，组织考试，汇总学生成绩等。

2.5.4.3　工艺选择

选择软件运行模式之后，进入软件"培训参数选择"页面。

启动项目按钮的作用是在设置好培训项目和 DCS 风格后启动软件，进入软件操作界面。

退出按钮的作用是退出仿真软件。

点击"培训工艺"按钮列出所有的培训单元。根据需要选择相应的培训单元。

2.5.4.4　培训项目选择

选择"培训工艺"后，进入"培训项目"列表里面选择所要运行的项目，如冷态开车、正常停车、事故处理。每个培训单元包括多个培训项目。

2.5.4.5　操作风格选择

均酐装置仿真实习软件采用两种 DCS 风格，包括"通用 DCS 风格、DeltaV-NEW 风格"。通用 DCS 风格是仿国内大多数 DCS 厂商界面，DeltaV-NEW 风格是仿 EMERSON 的 DeltaV 过程控制系统界面。根据需要选择所要运行 DCS 类型，单击确定，然后单击"启动项目"进入仿真软件操作画面。

2.5.4.6　程序主界面

（1）工艺菜单

仿真系统启动之后，启动两个窗口，一个是流程图操作窗口，另一个是智能评价系统。首先进入流程图操作窗口，进行软件操作。在流程图操作界面的上部是"菜单栏"，下部是"功能按钮栏"。

"工艺"菜单包括当前信息总览，重做当前任务，培训项目选择，切换工艺内容，进度存盘，进度重演，冻结/解冻，系统退出。

当前信息总览：显示当前培训内容的信息。

重做当前任务：系统进行初始化，重新启动当前培训项目。

切换工艺内容：退出当前培训项目，重新选择培训工艺。

培训项目选择：退出当前培训项目，重新选择培训工艺。

进度存盘：进度存档，保存当前数据。以便下次调用时可直接从当前工艺状态调用。

进度重演：读取所保存的快门文件（＊.sav），恢复以前所存储的工艺状态。

冻结/解冻：类似于暂停键。系统"冻结"后，DCS软件不接受任何操作，后台的数学模型也停止运算。

系统退出：退出仿真系统。

（2）工具菜单

设置菜单可以用来对变量监视，对仿真时钟进行设置。

变量监视：监视变量。可实时监视变量的当前值，察看变量所对应的流程图中的数据点以及对数据点的描述和数据点的上下限。

仿真时钟设置：即时标设置，设置仿真程序运行的时标。选择该项会弹出设置时标对话框。时标以百分制表示，默认为100％，选择不同的时标可加快或减慢系统运行的速度。系统运行的速度与时标成正比。

2.5.5 操作方式(通用 DCS 风格)

2.5.5.1 现场阀

现场阀门主要有开关阀和手动调节阀两种，在阀门调节对话框的左上角标有阀门的位号和说明。

开关阀：此类阀门只有"开和关"两种状态。直接点击"打开"和"关闭"即可实现阀门的开关闭合。见图 2-12。

手动操作阀（可调阀）：此类阀门手动输入 0～100 的数字调节阀门的开度，即可实现阀门开关大小的调节。或者点击"开大和关小"按钮以 5％的进度调节。见图 2-13。

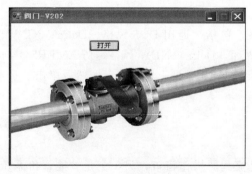

图 2-12　开关阀操作画面

图 2-13　手动操作阀操作画面

2.5.5.2 执行阀

在 DCS 图中通过 PID 控制器调整气动阀、电动阀和电磁阀等自动阀门的开关闭合。在 PID 控制器中可以实现自动/AUT、手动/MAN、串级/CAS 三种控制模式的切换。图 2-14、图 2-15 为空气流量自动调节阀 FIC401 的操作。

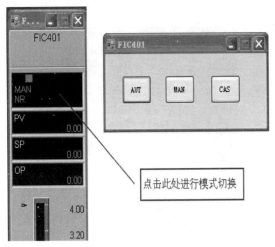
图 2-14　空气流量自动调节阀操作画面（一）

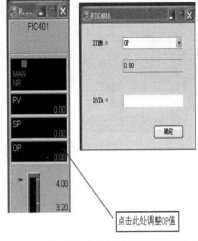
图 2-15　空气流量自动调节阀操作画面（二）

AUT：计算机自动控制。

MAN：计算机手动控制。

CAS 串级控制：两只调节器串联起来工作，其中一个调节器的输出作为另一个调节器的给定值。

PV 值：实际测量值，由传感器测得。

SP 值：设定值，计算机根据 SP 值和 PV 值之间的偏差，自动调节阀门的开度；在自动/AUT 模式下可以调节此参数（调节方式同 OP 值）。

OP 值：计算机手动设定值，输入 0～100 的数据调节阀门的开度；在手动/MAN 模式下调节此参数。见图 2-15。

计量泵冲程调节操作：点击 ZIC101，弹出下面对话框，在"输入点值"中输入冲程值。见图 2-16。

图 2-16　计量泵冲程调节画面　　　　图 2-17　罗茨鼓风机频率调节画面

罗茨鼓风机频率调节操作：点击 HIC102，弹出下面对话框，在"输入点值"中输入频率值。见图 2-17。

比例调节的操作：均酐生产装置中有 2 处比例调节控制，一处是均四甲苯和空气流量之间即 FI108 与 FIC401 为比例调节，其操作见图 2-18；另一处比例调节是尾气流量 FIC501

与水洗流量 FICQ502 之间，其操作见图 2-19。

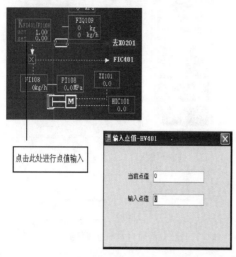

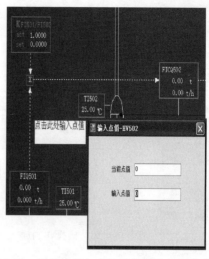

图 2-18 均四甲苯和空气比例调节操作画面　　图 2-19 尾气流量与水洗流量间比例调节画面

2.5.6 流程界面

2.5.6.1 DCS 图

各 DCS 画面如图 2-20、图 2-21 所示。

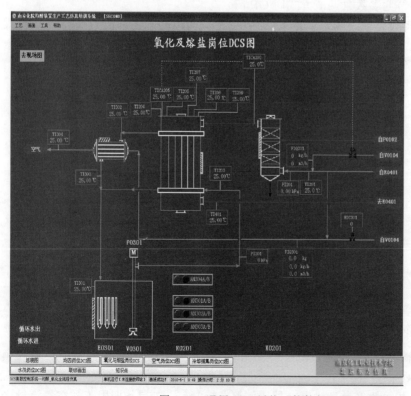

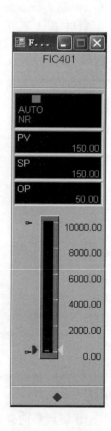

图 2-20 通用 DCS 风格"软件版"DCS 画面

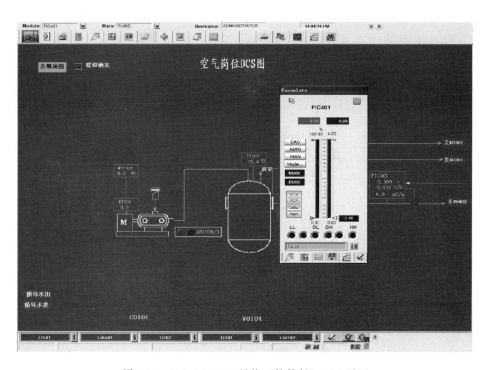

图 2-21　DeltaV-NEW 风格"软件版"DCS 画面

2.5.6.2　现场图

现场图画面如图 2-22 所示。

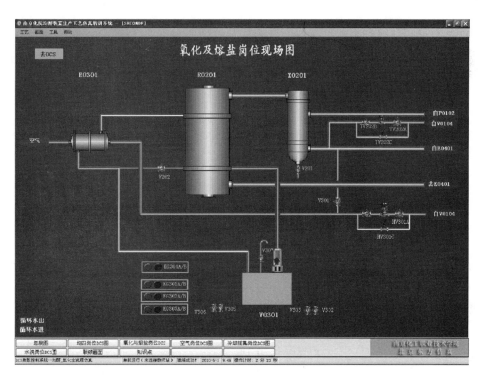

图 2-22　现场图画面

2.5.7　PISP 平台评分系统

启动软件系统进入操作平台，同时也就启动了过程仿真系统平台 PISP 操作质量评分系统。过程仿真系统平台 PISP. NET 评分系统是智能操作指导、诊断、评测软件（以下简称智能软件），它通过对学员的操作过程进行跟踪，在线为学员提供状态指示功能。

对当前操作步骤和操作质量所进行的状态以不同的图标表示出来。

2.5.7.1　操作步骤状态图标及提示

图标◈：表示此过程的起始条件没有满足，该过程不参与评分。

图标◈：表示此过程的起始条件满足，开始对过程中的步骤进行评分。

图标◉：为普通步骤，表示本步还没有开始操作，也就是说，还没有满足此步的起始条件。

图标◉：表示本步已经开始操作，但还没有操作完，也就是说，已满足此步的起始条件，但此操作步骤还没有完成。

图标✔：表示本步操作已经结束，并且操作完全正确（得分等于100%）。

图标✖：表示本步操作已经结束，但操作不正确（得分为0）。

图标◯：表示过程终止条件已满足，本步操作无论是否完成都被强迫结束。

2.5.7.2　操作质量图标及提示

图标▤：表示这条质量指标还没有开始评判，即起始条件未满足。

图标▦：表示起始条件满足，本步骤已经开始参与评分，若本步评分没有终止条件，则会一直处于评分状态。

图标◎：表示过程终止条件已满足，本步操作无论是否完成都被强迫结束。

图标▧：在 PISP. NET 的评分系统中包括了扣分步骤，主要是当操作严重不当，可能引起重大事故时，从已得分数中扣分，此图标表示起始条件不满足，即还没有出现失误操作。

图标▧：表示起始条件满足，已经出现严重失误的操作，开始扣分。

2.5.7.3　查看分数

实时对操作过程进行评定，对每一步进行评分，并给出整个操作过程的综合得分，可以实时查看用户所操作的总分，并生成评分文件。

"浏览——成绩"查看总分和每个步骤实时成绩。

2.5.8　氧化工段仿真冷态开车操作步骤

教材不提供仿真操作步骤，具体参见仿真软件。

2.6　均苯四甲酸二酐工艺模拟实操

2.6.1　实操系统简介

2.6.1.1　模拟实操基本操作

① 均酐装置实操软件程序操作与仿真软件操作一致。

② 当正确选择好"培训项目"后,实操系统启动,进入操作员操作界面,将教师站与服务器连接操作,点击 OPC Server 点击连接到 OPC Server,见图 2-23。

图 2-23　现场图画面

③ 确定内外操任务。在 DCS 操作流程图中,带黄色框标志的阀门为外操作业阀门。如图 2-24 所示。

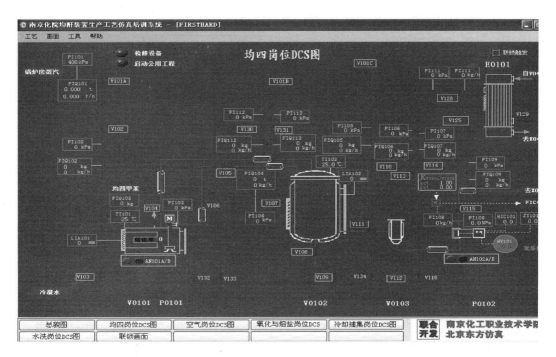

图 2-24　均酐装置模拟实操 DCS 操作画面

2.6.1.2　模拟实操软件系统结构

均酐装置模拟实操软件的系统架构图如图 2-25 所示。

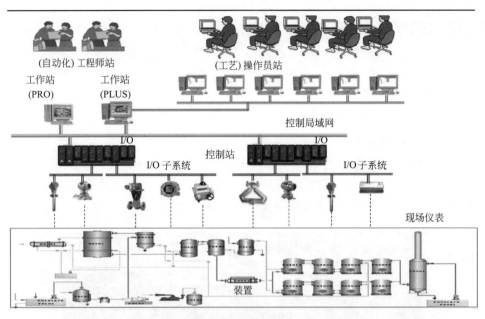

图 2-25 均酐装置模拟实操软件系统架构图

2.6.1.3 DCS画面图

均四岗位、氧化及熔盐岗位、空气岗位、冷却捕集岗位、水洗岗位 DCS 图如图 2-26～图 2-30 所示。

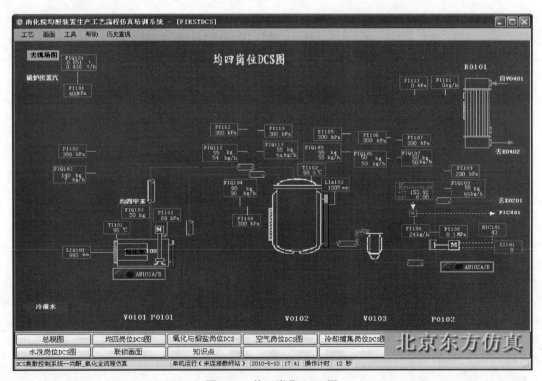

图 2-26 均四岗位 DCS 图

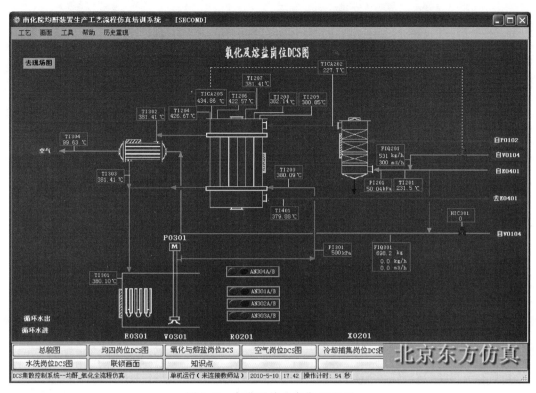

图 2-27　氧化及熔盐岗位 DCS 图

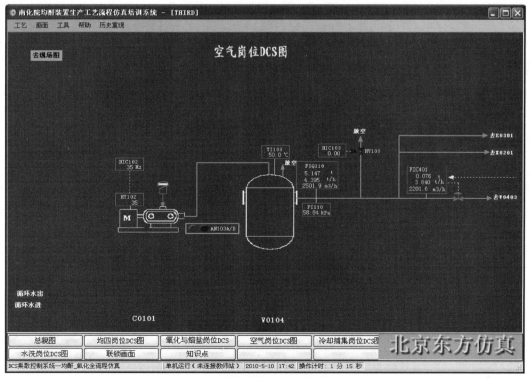

图 2-28　空气岗位 DCS 图

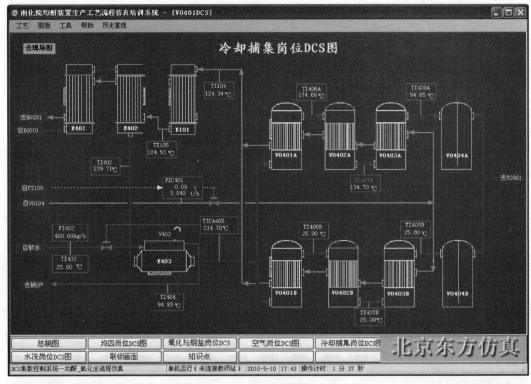

图 2-29　冷却捕集岗位 DCS 图

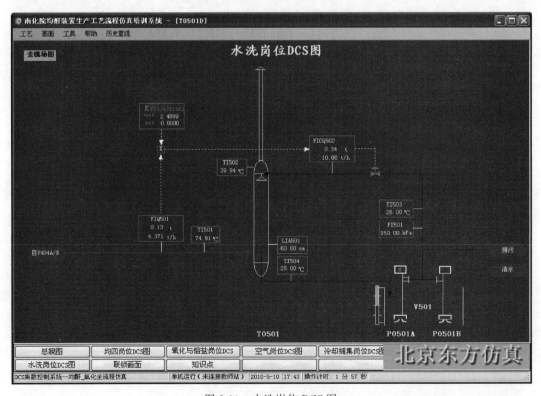

图 2-30　水洗岗位 DCS 图

2.6.1.4　DCS 系统内现场画面说明

① 现场操作画面是在 DCS 画面的基础上改进而完成的，大多数现场操作画面都有与之对应的 DCS 流程图画面。

② 现场画面上光标变为手形处为可操作点。

③ 现场画面上的模拟量（如手操阀）、开关量（如开关阀和泵）的操作方法与 DCS 画面上的操作方法相同。

④ 一般现场画面上红色的阀门、泵及工艺管线表示这些设备处于"关闭"状态，绿色表示设备处于"开启"状态。

⑤ 单工段运行时，对换热器另一侧物流的控制通过在现场画面上操作该换热器来实现；全流程运行时，换热器另一侧的物流由在其他工段进行的操作来控制。冷却水及蒸汽量的控制在各种情况下均在现场画面上完成。

2.6.2　均苯四甲酸二酐工艺实操系统岗位分割

2.6.2.1　氧化工段岗位分割

（1）进料岗位

均四甲苯加料、化料、进料及空气输送到汽化器进口。

（2）氧化岗位

从汽化器进口到反应器反应混合气出口。

（3）熔盐系统

包括熔盐槽、熔盐泵、盐冷器。

（4）冷却捕集岗位

包括第一、第二换热器、热管换热器、捕集器。

（5）水洗岗位

包括水洗塔、水洗泵、水洗池。

2.6.2.2　水解工段岗位分割

水解岗位：包括软水罐、软水泵、水解釜、过滤器、中间槽、冷凝器。

2.6.3　均苯四甲酸二酐工艺模拟实操训练

2.6.3.1　现场主要设备

（1）氧化工段

氧化工段设备见表 2-11。

表 2-11　氧化工段设备表

序号	设备号	设备名称	序号	设备号	设备名称
1	V0101	化料槽	11	E0402	第二冷却器
2	V0102	计量罐	12	E0301	空气预热器
3	E0101	熔盐冷却器	13	E0403	热管换热器
4	V0109	均四甲苯过滤器	14	V0401A/B	第一捕集器
5	P0102	均四甲苯计量泵	15	V0402A/B	第二捕集器
6	V0103	熔盐槽	16	V0403A/B	第三捕集器
7	R0201	氧化反应器	17	V0404A/B	第四捕集器
8	X0201	汽化器	18	T0501	水洗塔
9	C0101	罗茨风机	19	P0104A/B	水洗泵
10	E0401	第一冷却器	20	V0501	水洗池

（2）水解工段

水解工段设备见表 2-12。

表 2-12　水解工段设备表

序号	设备号	设备名称	序号	设备号	设备名称
1	C0601	空压机	7	S0601	过滤器
2	E0601	水解冷凝器	8	S0602	过滤器
3	M0601A/B	离心机	9	R0601	水解釜
4	P0601	中间槽泵	10	V0601	中间槽
5	P0602	母液槽泵	11	V0602A/B/C/D	结晶槽
6	P0603	软水泵	12	V0603	结晶釜

2.6.3.2　现场仪表

（1）氧化工段

氧化工段仪表汇总见表 2-13。

表 2-13　氧化工段仪表汇总表

位号	单位	正常值	说明
FI101(FIQ101)	kg/h(t)	370～740	蒸汽总管流量测量
FI102(FIQ102)	kg/h(t)	95～190	均四甲苯化料槽加热蒸汽流量测量
FI104(FIQ104)	kg/h(t)	60～115	计量罐夹套进口蒸汽流量测量
FI105(FIQ105)	kg/h(t)	37～74	保温球阀蒸汽进口流量测量
FI106(FIQ106)	kg/h(t)	37～74	均四甲苯过滤器蒸汽进口流量测量
FI107(FIQ107)	kg/h(t)	37～74	计量泵泵头保温蒸汽流量测量
FI108(FIQ108)	kg/h(t)	30.5	计量泵出口流量测量
FI109(FIQ109)	kg/h(t)	37～74	计量泵输出管保温蒸汽流量测量
FI110(FIQ110)	kg/h(t)	5061	空气缓冲罐出口流量测量
FI111(FIQ111)	kg/h(t)	280～570	空气预热器蒸汽进口流量测量
FI112(FIQ112)	kg/h(t)	37～74	平衡管保温蒸汽流量测量
FI113(FIQ113)	kg/h(t)	37～74	输送泵出口管保温蒸汽流量测量
PI101	kPa	400	蒸汽总管压力测量
PI102	kPa	395	均四甲苯化料槽加热蒸汽压力测量
PI103	kPa	150	均四甲苯输送泵出口压力测量
PI104	kPa	300	计量罐蒸汽进口压力测量
PI105	kPa	300	保温球阀蒸汽进口压力测量
PI106	kPa	300	均四甲苯过滤器蒸汽进口压力测量
PI107	kPa	300	计量泵泵头保温蒸汽压力测量
PI108	kPa	0	计量泵出口压力测量
PI109	kPa	290	均四甲苯进料管保温蒸汽压力测量
PI110	kPa	58.8	空气缓冲罐出口压力测量
PI111	kPa	400	空气预热器蒸汽进口压力测量
PI112	kPa	300	平衡管保温蒸汽压力测量
PI113	kPa	300	输送泵出口管保温蒸汽压力测量
TI101	℃	100	化料槽温度测量
TI102	℃	100	计量罐温度测量
TI103	℃	50	缓冲罐温度测量
TI104	℃	125	空气预热器空气进口温度测量
TI105	℃	125	空气预热器空气出口温度测量
LIA101	mm	1000	化料槽液位测量
LIA102	mm	1200	计量罐液位测量
FIQ201	kg/h	523	汽化器冷空气进口流量测量
PI201	kPa	50	汽化器空气进口压力测量

续表

位号	单位	正常值	说明
TI201	℃	230	汽化器空气进口温度测量、控制
TICA202	℃	228	汽化器混合物料出口温度测量、控制
TI203	℃	380	反应器熔盐进口温度测量
TI204	℃	425	反应器管程床层温度测量(上)
TICA205	℃	435	反应器管程床层温度测量(中)
TI206	℃	420	反应器管程床层温度测量(下)
TI207	℃	381.32	反应器壳程熔盐温度测量(上)
TI208	℃	382	反应器壳程熔盐温度测量(中)
TI209	℃	380.5	反应器壳程熔盐温度测量(下)
FI301(FIQ301)	kg/h(t)	698	熔盐冷却器入口空气流量测量
TI301	℃	380	熔盐槽温度测量
TI302	℃	380.5	熔盐冷却器进口熔盐温度测量
TI303	℃	380	熔盐冷却器出口熔盐温度测量
TI304	℃	100	熔盐冷却器出口空气温度测量
PI301	kPa	500	熔盐泵出口压力测量
FIC401	t/h	3.839	第三捕集器进口空气流量测量、控制
FI402	kg/h	400	热管换热器软水进口流量测量
TI401	℃	380	第一换热器产品入口温度测量
TI402	℃	240	第二换热器产品出口温度测量
TI403	℃	25	热管换热器软水进口温度测量
TI404	℃	95	热管换热器软水出口温度测量
TICA405	℃	215	热管换热器出口温度测量、控制
TI406A	℃	175	第一捕集器 A 产品出口温度测量
TI406B	℃	25	第一捕集器 B 产品出口温度测量
TI407A	℃	135	第二捕集器 A 产品出口温度测量
TI407B	℃	25	第二捕集器 B 产品出口温度测量
TI408A	℃	95	第三捕集器 A 产品出口温度测量
TI408B	℃	25	第三捕集器 B 产品出口温度测量
FI501	t/h	4.369	水洗塔尾气进料流量测量
FIC502	t/h	10.8	水洗泵出口水流量测量、控制
TI501	℃	75	水洗塔尾气进料温度测量
TI502	℃	40	水洗塔尾气出口温度测量
TI503	℃	26	水洗塔进口水温度测量
TI504	℃	28	水洗塔出口水温度测量
LIA501	%	48	水洗塔塔底液位测量
PI501	kPa	150	水洗泵出口压力测量

(2)水解工段

水解工段仪表汇总见表 2-14。

表 2-14 水解工段仪表汇总表

位号	单位	正常值	说明
FQ601	300	kg	水解釜 R0601 粗酐进料累积量
FQ602	15	kg	水解釜 R0601 活性炭进料累积量
FQ603	50	kg	加热蒸汽量累积量
FQ604	1500	kg	软水泵 P0603 出口软水累积流量
FQ605	1500	kg	水解釜 R0601 进口母液累积流量
FI603	200	kg/h	水解釜 R0601 加热蒸汽流量
FI604	18	t/h	软水泵 P0603 出口软水流量
FI605	18	t/h	水解釜 R0601 进口母液流量

位号	单位	正常值	说明
TIA601	95	℃	水解釜 R0601 釜内温度
TI602	30	℃	结晶釜 V0603 釜内温度
PI601	300	kPa	水解釜 R0601 加热蒸汽压力
PI602	100/300	kPa	水解釜 R0601 釜内气相压力
PI603	200	kPa	软水泵 P0603 出口压力
PI604	200	kPa	母液泵 P0602 出口压力
LIA601	1000	mm	软水罐 V0605 液位
LI602	1000	mm	水解釜 R0601 液位
LI603	1000	mm	结晶釜 V0603 液位

2.6.3.3　现场阀

（1）氧化工段

氧化工段阀门汇总见表 2-15。

表 2-15　氧化工段阀门汇总表

序号	位号	说明
1	V101A	至化料槽等蒸汽总管出口阀
2	V101B	至保温管线等蒸汽总管出口阀
3	V102	化料槽蒸汽进口阀
4	V103	化料槽冷凝水阀
5	V104	化料槽放空阀
6	V105	输送泵出口阀
7	V130	平衡管保温蒸汽阀
8	V132	平衡管保温管冷凝水阀(只在仿真软件中体现)
9	V131	输送泵出口管保温蒸汽阀
10	V133	输送泵出口管保温管冷凝水阀(只在仿真软件中体现)
11	V107	计量罐蒸汽进口阀
12	V109	计量罐夹套冷凝水阀
13	V108	计量罐排污阀
14	V110	保温球阀的保温蒸汽阀
15	V134	保温球阀的保温管冷凝水阀(只在仿真软件中体现)
16	V111	计量罐均四出口阀
17	V115	计量泵出口阀
18	V113	过滤器蒸汽进口阀
19	V112	过滤器冷凝水阀
20	V114	计量泵头保温蒸汽阀
21	V125	汽化器进料管蒸汽阀
22	V116	计量泵输送管保温蒸汽冷凝水阀(只在仿真软件中体现)
23	V128	预热器蒸汽进口阀
24	V129	预热器冷凝水出口阀
25	V118	罗茨鼓风机循环进水阀 A(只在仿真软件中体现)
26	V119	罗茨鼓风机循环出水阀 A(只在仿真软件中体现)
27	V120	罗茨鼓风机循环进水阀 B(只在仿真软件中体现)
28	V121	罗茨鼓风机循环出水阀 B(只在仿真软件中体现)
29	V124	罗茨鼓风机空气出口止回阀(不需要操作)
30	V122	罗茨鼓风机空气出口闸阀

序号	位号	说明
31	V123	罗茨鼓风机空气出口放空阀(只在仿真软件中体现)
32	V117	罗茨鼓风机空气出口安全阀(只在仿真软件中体现)
33	V127	缓冲罐排污阀(只在仿真软件中体现)
34	V126	缓冲罐停车放空阀(只在仿真软件中体现)
35	HV103	缓冲罐出口空气放空阀
36	FV401A	第三捕集器进口空气流量调节阀的前截止阀(体现在仿真软件)
37	FV401B	第三捕集器进口空气流量调节阀的后截止阀(体现在仿真软件)
38	FV401C	第三捕集器进口空气流量调节阀的旁路阀(体现在仿真软件中)
39	FV401	第三捕集器进口空气流量调节阀(真阀)
40	V302	熔盐泵循环水进口阀(只在仿真软件中体现)
41	V303	熔盐泵循环水进口阀(只在仿真软件中体现)
42	V305	熔盐泵循环水出口阀(只在仿真软件中体现)
43	V306	熔盐泵循环水出口阀(只在仿真软件中体现)
44	V307	熔盐槽放空阀(只在仿真软件中体现)
45	V202	反应器熔盐出口阀(只在仿真软件中体现)
46	V201	汽化混合器排放阀
47	V301	第一换热器至熔盐冷却器空气阀
48	TV202A	汽化器冷空气前截止阀
49	TV202B	汽化器冷空气后截止阀
50	TV202C	汽化器冷空气进口旁路阀
51	TV202	汽化器冷空气进口调节阀
52	HV301A	缓冲罐至盐冷器空气手操阀的前截止阀
53	HV301B	缓冲罐至盐冷器空气手操阀的后截止阀
54	HV301C	至盐冷器空气手操阀的旁路阀
55	HV301	进入盐冷器空气远程手操阀(真阀)
56	V402	热管换热器软水进口阀
57	V403	热管换热器放空阀
58	V404	热管换热器软水出口阀
59	TV405A	热管换热器软水进口控制阀的前截止阀
60	TV405B	热管换热器软水进口控制阀的后截止阀
61	TV405C	热管换热器软水进口控制阀的旁路阀
62	TV405	热管换热器出口温度调节阀(真阀)
63	V406A/B	第一捕集器空气出口切换 A/B 阀
64	V407A/B	第二捕集器产品进料切换 A/B 阀
65	V408A/B	第三捕集器空气进口切换 A/B 阀
66	V409A/B	第四捕集器尾气出口切换 A/B 阀
67	V501	水洗塔排水阀(只在仿真软件中体现)
68	V502A/B	水洗泵 A/B 排水阀(只在仿真软件中体现)
69	V503A	水洗泵 A 出口止回阀
70	V503B	水洗泵 B 出口止回阀(只在仿真软件中体现)
71	V504	水洗槽进水阀(只在仿真软件中体现)
72	FV502A	水洗泵出口水流量后截止阀
73	FV502B	水洗泵出口水流量前截止阀
74	FV502C	水洗泵出口水流量控制阀的旁路阀
75	FV502	水洗泵出口流量调节阀(真阀)
76	V106	计量罐保温蒸汽排水阀(只在仿真软件中体现)

（2）水解工段

水解工段阀门汇总见表 2-16。

表 2-16 水解工段阀门汇总表

序号	位号	说明
1	V601	水解釜 R0601 蒸汽进口阀
2	V603	水解釜 R0601 空气进口阀
3	V604	过滤器 S0601 蒸汽进口阀
4	V605	水解釜 R0601 产品出口阀
5	V606	水解釜 R0601 冷凝水出口阀
6	V607	水解釜 R0601 放空阀
7	V608	水解釜 R0601 软水进口阀
8	V609	水解釜 R0601 所产蒸汽出口阀
9	V610	水解釜 R0601 母液出口阀
10	V611	冷凝器 E0601 循环冷却水出口阀
11	V612	冷凝器 E0601 循环冷却水进口阀
12	V613	结晶釜 V0603 物料进口阀
13	V615	结晶釜 V0603 夹套冷却水进口阀
14	V616	结晶釜 V0603 产品出口阀
15	V617	结晶釜 V0603 夹套冷却水出口阀
16	V618	软水泵 P0603 软水出口阀
17	V619	软水泵 P0603 软水进口阀
18	V620	软水罐 V0605 软水进口阀
19	V621	软水罐 V0605 排污阀
20	LV601	软水罐 V0605 进水调节阀
21	KG601A/B	空压机 C0601 开/关按钮
22	KG602A/B	水解釜 R0601 搅拌器开/关
23	KG603A/B	中间槽泵 P0601 开/关
24	KG604A/B	结晶釜 V0603 搅拌器开/关
25	KG605A/B	离心机 M0601 开/关
26	KG606A/B	母液槽泵 P0602 开/关
27	KG607A/B	软水泵 P0603 开/关

以下阀门现场没有，只在仿真软件中体现

28	V614	结晶釜 V0603 放空阀
29	V622	中间槽 V0601 蒸汽进口阀
30	V623	中间槽 V0601 冷凝水出口阀
31	V624	中间槽 V0601 排污阀
32	V625	过滤器 S0602 蒸汽进口阀
33	V626	软水罐 V0605 放空阀
34	V626a	中间槽 V0601 物料进口阀
35	V626b	结晶槽 V0602A/B/C/D 物料进口阀
36	V627	结晶槽 V0602A/B/C/D 物料进口阀（用于事故）
37	V628	过滤器 S0602 冷凝水出口阀

2.6.3.4 控制及联锁说明

（1）串级控制（图 2-31）

串级控制系统——两只调节器串联起来工作，其中一个调节器的输出作为另一个调节器的给定值的系统。

主控制器：TICA205。

副控制器：TICA202。

（2）比值控制（图 2-32）

实现两个或两个以上参数符合一定比例关系的控制系统，称为比值控制系统。通常以保

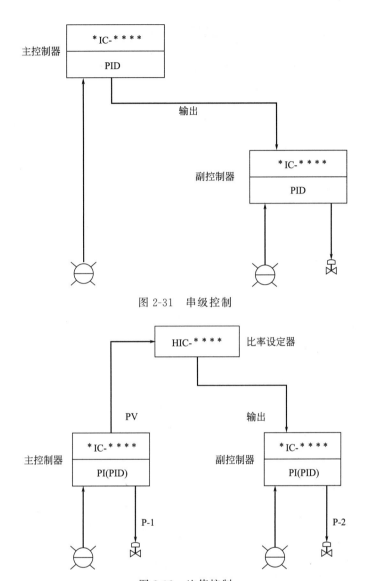

图 2-31　串级控制

图 2-32　比值控制

持两种或几种物料的流量为一定比例关系的系统，称之流量比值控制系统。

主控制器：FI501、FI108。

副控制器：FIC502、FIC401。

比率设定器：HIC502、HIC101。

（3）顺控及联锁（图 2-33、图 2-34）

当切换开关打到"H"点，计量泵远程控制器 HIC101 起作用，数值从控制室给出并在现场通过计量泵输出显示器 HY101 显示；开关切换到"M"点时，控制室远程控制器不再起作用，泵的冲程通过现场手操器 ZIC101 设定，数值在计量泵现场操作信号 ZI101 处显示，同时信号也传给计量泵输出显示器 HY101，也就是说，不管是远程控制还是现场操作，计量泵输出显示器都及时的显示计量泵的冲程值。

① 氧化反应器管程床层温度高高联锁。

当反应器管程床层温度高于 450℃时，触发本联锁；

动作：依次停计量泵、熔盐泵、罗茨风机和水洗泵。

计量泵装置

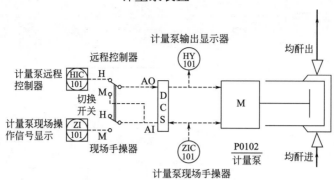

图 2-33　计量泵现场操作和远程操作切换关系

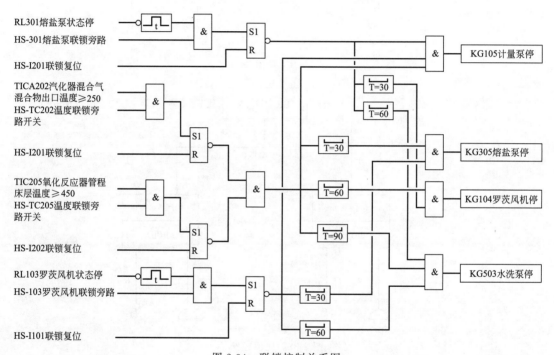

图 2-34　联锁控制关系图

HSI202 防止在温度还没有正常时就启动泵，所以温度恢复正常后，要先启动复位按钮，才能重新把泵打开。

② 汽化器混合物出口温度高高联锁。

当反应器管程床层温度高于 250℃时，触发本联锁；

动作：依次停计量泵、熔盐泵、罗茨风机和水洗泵。

HSI201 防止在温度还没有正常时就启动泵，所以温度恢复正常后，要先启动复位按钮，才能重新把泵打开。

③ 熔盐泵停联锁。

当熔盐泵停，触发本联锁；

动作：依次停计量泵、罗茨风机、水洗泵。

HSI301 防止在熔盐泵没有正常时就启动其他泵，所以熔盐泵恢复正常后，要先启动复位按钮，才能重新把其他泵打开。

④ 罗茨风机停联锁。

当罗茨风机停，触发本联锁；

动作：依次停计量泵、熔盐泵、水洗泵。

HSI101 防止在罗茨风机没有正常时就启动其他泵，所以罗茨风机恢复正常后，要先启动复位按钮，才能重新把其他泵打开。

3.1 甲醇原料气认知

3.1.1 原料煤认知

甲醇装置原料采用煤，由汽车或火车供给，采用外购方式。原料煤的工业分析数据见表 3-1，原料煤的元素分析数据见表 3-2。

表 3-1 原料煤的工业分析数据表

项目	全水分(M_{ar})	化学水分(M_{ad})	灰分(A_{ad})	挥发分(V_{ad})	固定碳(FCD)
质量分数/%	11	4	15.54	26.79	57.67

表 3-2 原料煤的元素分析数据表

项目	碳(C_d)	氢(H_d)	氮(N_d)	氧(O_d)	总硫($S_{t,d}$)	灰分(A_d)	总计
质量分数/%	66.3	3.55	0.69	13.29	0.63	15.54	100

3.1.2 原料气来源

世界上工业生产甲醇所采用的原料主要有煤、石油（渣油、石脑油）、天然气、煤气、乙炔尾气等其他富含氢气、一氧化碳、二氧化碳的废气等。

3.1.3 原料气要求

3.1.3.1 合理的氢碳比例

氢与一氧化碳合成甲醇的化学当量比为 2，与二氧化碳合成甲醇的化学当量比为 3，当一氧化碳与二氧化碳都有时，对原料气中氢碳比（f 或 M 值）有以下两种表达方式。

$$f = \frac{H_2 - CO_2}{CO + CO_2} = 2.10 \sim 2.15$$

$$M = \frac{H_2}{CO + 1.5CO_2} = 2.10 \sim 2.15$$

不同原料采用不同工艺所制得的原料气组成往往偏离上述 f 值或 M 值，例如，用天然气（主要组成为 CH_4）为原料采用蒸汽转化法所得的粗原料气氢气过多，需要在转化前或转化后加入二氧化碳调节合理氢碳比。而用重油或煤为原料所制得的粗原料气氢碳比太低，需要设置变换工序使过量的一氧化碳变换为氢气，再将过量的二氧化碳除去。

3.1.3.2 合理的二氧化碳与一氧化碳比例

合成甲醇原料气中应保持一定量的二氧化碳，一定量二氧化碳的存在能促进锌-铬催化剂与铜基催化剂上甲醇合成的反应速率，适量二氧化碳可使催化剂呈现高活性，此外，在二氧化碳存在下，甲醇合成的热效应比无二氧化碳时仅由一氧化碳与氢合成甲醇的热效应要小，催化床温度易于控制，这对防止生产过程中催化剂超温及延长催化剂寿命是有利的。但是，二氧化碳含量过高，会造成粗甲醇中含水量的增多，降低压缩机生产能力，增加气体压缩与精馏粗醇的能耗。

二氧化碳在原料气中的最佳含量，应根据甲醇合成所用的催化剂与甲醇合成操作温度做相应调整。在使用锌-铬催化剂的高压合成装置中，原料气含二氧化碳 $4\%\sim5\%$ 时，催化剂寿命与生产能力不受影响，合成设备操作稳定而且可以自热，但是粗甲醇含水量为 $14\%\sim16\%$。因此，对于锌-铬催化剂上甲醇合成反应，原料气中二氧化碳低于 5% 为宜。在采用铜基催化剂时，原料气中二氧化碳可适当增加，可使塔内总放热量减少，以保护铜基催化剂不致过热，延长催化剂使用寿命。

3.1.3.3 原料气对毒物与杂质的要求

原料气必须经过净化，净化的任务是清除油水、尘粒、羰基铁、氯化物及硫化物等，其中尤为重要的是消除硫化物。

硫化物在甲醇生产中的危害如下。

① 造成催化剂中毒。锌-铬催化剂耐硫较好，新鲜气含硫应低于 50×10^{-6}。铜基催化剂对硫要求很严，新鲜气小的含硫量，ICI 法要求低于 0.06×10^{-6}，Lurgi 法要求低于 0.1×10^{-6}。如含有 1×10^{-6}，运转半年，催化剂含硫达就会高达 $4\%\sim6\%$。无论是硫化氢或有机硫都会使催化剂整个金属活性组分产生金属硫化物，使催化剂丧失活性，故需除净。

② 造成管道、设备的羰基腐蚀。硫化物破坏金属氧化膜，使设备管道被一氧化碳腐蚀生成羰基化合物，如羰基铁、羰基镍等。

③ 造成粗甲醇质量下降。硫带入合成环路产生副反应，生成硫醇、硫二甲醚等杂质，影响粗醇质量，而且带入精馏岗位，引起设备管道的腐蚀。

3.2　产品甲醇认知

3.2.1　甲醇的性质

3.2.1.1　甲醇的物理性质

甲醇是最简单的饱和醇，分子式为 CH_3OH，分子量为 32.04，常压沸点为 64.7℃，常温常压下为无色透明、略带乙醇香味的挥发性液体。甲醇与水互溶，在汽油中有较大溶解度。甲醇剧毒，易燃烧，其蒸气与空气的混合物在一定范围内会发生爆炸，爆炸极限为 $6\%\sim36.5\%$（体积分数）。甲醇与水无限互溶，甲醇水溶液的密度随着温度的升高而降低，也随着甲醇的浓度增加而降低，甲醇水溶液的沸点随着甲醇浓度增加而降低。甲醇可与许多有机化合物按任意比例混合，并与其中 100 多种有机化合物形成共沸混合物。

3.2.1.2 甲醇的化学性质

在甲醇的分子结构中含有一个甲基与一个羟基，因为它含有羟基，所以具有醇类的典型反应；又因它含有甲基，所以又能进行甲基化反应。甲醇可以与一系列物质反应，所以甲醇在工业上有着十分广泛的应用。

① 甲醇氧化生成甲醛、甲酸。甲醇在空气中可被氧化为甲醛，然后被氧化为甲酸。

$$CH_3OH + 1/2O_2 \longrightarrow HCHO + H_2O$$
$$HCHO + 1/2O_2 \longrightarrow HCOOH$$

甲醇在 600～700℃通过浮石银催化剂或其他固体催化剂，如铜、五氧化二钒等，可直接氧化为甲醛。

② 甲醇氨化生成甲胺。将甲醇与氨以一定比例混合，在 370～420℃、5.0～20.0MPa 压力下，以活性氧化铝为催化剂进行反应，可以得到一甲胺、二甲胺及三甲胺的混合物，再经精馏，可以得到一甲胺、二甲胺或三甲胺产品。

$$CH_3OH + NH_3 \longrightarrow CH_3NH_2 + H_2O$$
$$2CH_3OH + NH_3 \longrightarrow (CH_3)_2NH + 2H_2O$$
$$3CH_3OH + NH_3 \longrightarrow (CH_3)_3N + 3H_2O$$

③ 甲醇羰基化生成乙酸。甲醇与一氧化碳在温度 250℃、压力 50～70MPa 下，通过碘化钴催化剂，或者在温度 180℃、压力 3～4MPa 下，通过铑的羰基化合物催化剂（以碘甲烷为催化剂），合成乙酸。

$$CH_3OH + CO \longrightarrow CH_3COOH$$

④ 甲醇酯化生成各种脂类化合物。

甲醇与甲酸反应生成甲酸甲酯：

$$CH_3OH + HCOOH \longrightarrow HCOOCH_3 + H_2O$$

甲醇与硫酸作用生成硫酸氢甲酯、硫酸二甲酯：

$$CH_3OH + H_2SO_4 \longrightarrow CH_3HSO_4 + H_2O$$
$$2CH_3OH + H_2SO_4 \longrightarrow (CH_3)_2SO_4 + 2H_2O$$

甲醇与硝酸作用生成硝酸甲酯：

$$CH_3OH + HNO_3 \longrightarrow CH_3NO_3 + H_2O$$

甲醇氯化，生成氯甲烷：

$$CH_3OH + Cl_2 + H_2 \longrightarrow CH_3Cl + HCl + H_2O$$
$$CH_3Cl + Cl_2 \longrightarrow CH_2Cl_2 + HCl$$
$$CH_2Cl_2 + Cl_2 \longrightarrow CHCl_3 + HCl$$
$$CHCl_3 + Cl_2 \longrightarrow CCl_4 + HCl$$

甲醇与氢氧化钠反应，生成甲醇钠：

$$CH_3OH + NaOH \longrightarrow CH_3ONa + H_2O$$

甲醇的脱水生成二甲醚：

$$2CH_3OH \longrightarrow (CH_3)_2O + H_2O$$

甲醇与苯生成甲苯：

$$HCHO + C_6H_6 \longrightarrow C_6H_5CH_3 + H_2O$$

甲醇与光气反应，生成碳酸二甲酯，甲醇与二硫化碳反应生成二甲基亚砜：

$$4CH_3OH + CS_2 \longrightarrow 2(CH_3)S + CO_2 + 2H_2O$$
$$3(CH_3)_2S + 2HNO_3 \longrightarrow 3(CH_3)_2SO + H_2O$$

⑤ 甲醇的裂解。甲醇在加温加压下，可在催化剂上分解为 CO 和 H_2：

$$CH_3OH \longrightarrow CO + 2H_2$$

3.2.2　甲醇的用途

甲醇是重要的化工原料，甲醇主要用于生产甲醛，其消耗量占总量的 $30\% \sim 40\%$；其次作为甲基化剂，生产甲胺、甲烷氯化物、丙烯酸甲酯、甲基丙烯酸甲酯、对苯二甲酸二甲酯等；甲醇羰基化可生成乙酸、乙酐、甲酸甲酯、碳酸二甲酯等。其中，甲醇低压羰基化生成乙酸，近年来发展很快。随着碳一化工的发展，由甲醇出发合成乙二甲醇、乙醛、乙醇等工艺正在日益得到重视。甲醇作为重要的原料在敌百虫、甲基对硫磷、多菌灵等农药生产中，在医药、染料、塑料、合成纤维等工业中有着重要的地位。甲醇还可经生物发酵生成甲醇蛋白，用作饲料添加剂。

甲醇不仅是重要的化工原料，而且还是性能优良的能源和车用燃料。它可直接用作汽车燃料，也可与汽油掺和使用，它可直接用于发电站或柴油机的燃料，或经 ZSM-5 分子筛催化剂转化为汽油，它可与异丁烯反应生成甲基叔丁基醚，用作汽油添加剂。

3.2.2.1　碳一化工的支柱

在 20 世纪 70 年代，随着甲醇生产技术的成熟和大规模生产，甲醇化学开始发展。中东、加拿大等天然气产量丰富的国家，由于天然气制甲醇的能力提高，导致大量甲醇进入市场；英国 ICI 公司和德国 Lurgi 公司低压甲醇技术得到推广；美国孟山都公司甲醇低压羰基化生产乙酸的技术取得突破，获得工业应用；美国 Mobil 公司在 ZSM-5 催化剂成功地将甲醇转化为汽油。这样，一系列原来以乙烯为原料的有机化工产品可能转变为以甲醇获得，甲醇成了碳一化工的支柱。

3.2.2.2　新一代燃料

甲醇是一种易燃液体，燃烧性能好，锌烷值高，抗爆性能好，在开发新燃料的过程中，自然成为重点开发对象，被称为新一代燃料。甲醇可发挥以下几种功能。

（1）甲醇掺烧汽油

构成甲醇分子中的 C、H 是可燃的，O 是助燃的，这就是甲醇能燃烧的理论依据。甲醇由 CO、H_2 合成，其燃烧性能近似于 CO、H_2。甲醇是一种洁净燃料，燃烧时无烟，它的燃烧速率快，放热快，热效率高，能减少排气污染。

国内外已使用掺烧 5%～15%甲醇的汽油。汽油中掺入甲醇后，提高了锌烷值，避免了添加四乙基铅对大气的污染。近几年，国内许多单位开展了甲醇-汽油混合燃料的试用和研究工作，对混合燃料的特性、使用方式、运行性能、相溶性、排气性等都进行了详细的研究。国内已对 M15（汽油中掺烧 15%的甲醇）和 M23 混合燃料进行了技术鉴定。

（2）纯甲醇用于汽车燃料

国内外已对甲醇作为汽油燃料进行了研究，认为当汽车发动机燃用纯甲醇时，全负荷功率与燃用汽油大致相当，而有效热效率提高了 30%左右。

（3）甲醇制汽油

美国 Mobil 公司开发成功地用 ZSM-5 型合成沸石分子筛自甲醇制汽油最为引人注目，这种方法制得的汽油抗震性能好，不存在硫、氯等常用汽油中易见的组分，而烃类组成与汽油很类似。

（4）甲醇制甲基叔丁基醚

甲基叔丁基醚是 20 世纪 70 年代发展起来的，是当前人们公认的高锌烷值汽油掺合剂，它已成为一个重要的石油化工新产品，1990 年世界产量达 1000 万吨以上。我国已有多套年产数万吨的装置投产，形成了相当规模的生成能力。

3.2.2.3　有机化工的主要原料

甲醇进一步加工，可制得甲胺、甲醛、甲酸及其他多种有机化工产品。国内已有成熟生产工艺的甲醇作为原料的一次加工产品有甲胺、甲醛、甲酸、甲醇钠、氯甲烷、甲酸甲酯、甲酰胺、二甲基甲酰胺、二甲基亚砜、硫酸二甲酯、亚磷酸三甲酯、氟氯乙烯、丙烯酸甲酯、甲基丙烯酸甲酯、氯甲酸甲酯、氯乙酸甲酯、二氯乙酸甲酯、氯甲醚、羟丙基甲醚、二甲醚、环氧化乙酰蓖麻油酸甲酯、二甲基二硫代磷酸甲酯、十一烯酸、氨基乙酸、月桂醇、聚乙烯醇等。国内正在努力开发即将投入生产的甲醇系列有机产品有乙酸、乙酐、碳酸二甲酯、溴甲烷、对苯二甲酸二甲酯、甲硫酸、乙二醇等。

3.2.2.4　精细化工与高分子化工的重要原料

甲醇作为重要的化工原料，在农药、染料、医药、合成树脂与塑料、合成橡胶、合成纤维、生物化工等工业中得到广泛应用。

（1）农药工业中的应用

多种农药的生产直接以甲醇为原料，如杀螟硫磷、乐果、敌百虫、马拉硫酸等。有些农药虽未直接使用甲醇，但在生产过程中要用甲醇的一次加工产品，如甲醛、甲酸、甲胺等。生产中需要甲胺为原料的农药有甲萘威、灭草隆等，生产中需以甲酸为原料的农药有杀虫脒等。

（2）医药工业中的应用

甲醇在多种农药工业中的应用，例如长效磺胺，维生素 B_6 等。也有些药物生产过程中需用甲醇的一次加工产品，如氨基比林生产中需用甲醛，黄麻生产过程中需用甲胺，乙酰水杨酸（阿司匹林）生产中需用乙酐或乙酸，安乃近、冰片、咖啡因生产中需用甲酸等。

（3）染料工业中的应用

许多染料生产过程中用甲醇作原料或溶剂，例如，红色基 RC、蓝色基 RT、分散红 GLZ、分散桃红 R3L、分散蓝 BR、活性深蓝 K-FGR、阴离子 GRL、阳离子 GF、酞菁素紫等。还有相当多的燃料生产过程中需用甲醛、甲胺、乙酸、乙酐、甲酸、硫酸二甲酯等作原料。

（4）合成树脂与塑料工业中的应用

有机玻璃（聚甲基丙烯酸甲酯）是一种高透明无定形热塑性材料，需以甲醇为原料，生成甲基丙烯酸甲酯单体，再聚合而成。聚苯醚、聚甲醛、聚三氟氯乙烯、聚砜等工程塑料生产过程中需要醇作为重要原料。以甲醛、甲胺、乙酸、乙酐、二甲基亚砜为原料的树脂和塑料种类很多，甲醇及其一次加工产品在塑料和树脂生产中有广泛的应用市场。

（5）合成橡胶工业中的应用

合成橡胶工业中作为异戊橡胶、丁基橡胶重要单体的异戊二烯可用异丁烯-甲醛法生产，需用甲醇一次加工物甲醛作原料。

（6）合成纤维工业中的应用

合成纤维品种很多，其中不少纤维需用甲醇及其一次加工物为原料，如聚酯纤维以丙烯腈与苯二甲酸二甲酯为原料，聚丙烯腈纤维以丙烯腈与丙烯酸甲酯为原料，聚乙烯醇缩甲醛纤维以聚乙烯醇与甲醛为原料等。

（7）生物化工制单细胞蛋白

甲醇蛋白是一种由单细胞组成的蛋白，它以甲醇为原料，作为培养基，通过微生物发酵而制得。由于工业微生物技术的发展。我国饲养业对蛋白质需求量很大，发展甲醇蛋白是很有前途的。

3.2.3　甲醇的生产方法

1661 年，英国博伊尔首先在木材干馏的液体产品中发现了甲醇，木材干馏成为工业上制甲醇最古老的方法。1834 年，杜马和玻利哥制得了甲醇纯品。1857 年法国波特格用一氯甲烷水解制得甲醇。

合成甲醇的工业生产开始于 1923 年。德国 BASF 的研究人员试用了一氧化碳和氢气，在 $300\sim400℃$ 的温度和 $30\sim50MPa$ 压力下，通过锌铬催化剂合成甲醇，并于当年首先实现了工业化生产。从 20 世纪 20～60 年代中期，世界各国甲醇合成装置都用高压法，采用锌铬催化剂。

1966 年，英国 ICI 公司研制成功甲醇低压合成的铜基催化剂，并开发了甲醇低压合成工艺，简称 ICI 低压法。1971 年德国 Lurgi 公司开发了另一种甲醇低压合成工艺，简称 ICI 低压法。20 世纪 70 年代以后，各国新建与改造的甲醇装置几乎全部用低压法。

合成甲醇的原料路线在几十年中经历了很大的变化。20 世纪 50 年代以前，甲醇生产多以煤和焦炭为原料，采用固定床气化方法生产水煤气作为甲醇原料气。20 世纪 50 年代以来，天然气和石油资源大量开采，由于天然气便于输送，适合加压操作，可降低甲醇装置的投资与成本，在蒸汽转化技术发展的基础上，以天然气为原料的甲醇生产流程被广泛采用，至今仍为甲醇生产的最主要原料。20 世纪 60 年代后，重油部分氧化技术有了长足进步，以重油为原料的甲醇装置有所发展。估计今后相当长的一段时间中，国外甲醇生产仍以烃类原料为主。从发展趋势来看，今后以煤炭为原料生产甲醇的比例会上升，煤制甲醇作为液体燃料将成为其主要用途之一。

国外甲醇生产多以天然气为原料，采用低压法工艺，主要有 ICI、Lurgi、Topsфe 等方法，前两种被认为是当今较为先进的甲醇技术，约 80% 的甲醇采用这两种方法生产。其技术情况见表 3-3。

表 3-3　低压合成甲醇生产技术情况表

项目	ICI 法	Lurgi 法	Topsøe 法
脱硫	Co-Mo 加氢 ZnO 脱硫	ZnO 活性炭加氢脱有机硫	Ni-Mo 加氢 ZnO 脱硫
转化	一段转化 $H_2O/C=3.0$	一段转化 $H_2O/C=2.4\sim2.6$	二段转化 $H_2O/C=2.5\sim3.0$
压缩	离心式压缩机	离心式压缩机	离心式压缩机
合成	四段冷激式合成塔 催化剂 ICI51-1 压力 5~10MPa 温度 230~270℃ 副产蒸汽	管壳式合成塔 催化剂 CI-104 压力 5~10MPa 温度 240~260℃ 副产蒸汽	三个径向合成塔串联 催化剂 MK-101 压力 5~10MPa 温度 210~290℃ 预热锅炉水
精馏	双塔	三塔	双塔
规模(t/d)	500~2500	300~1500	1000~3000

我国甲醇工业始于 20 世纪 50 年代，在吉林、兰州、太原由苏联援建了采用高压法锌铬催化剂的甲醇生产装置；60~70 年代，上海吴泾化工厂先后自建了以焦炭与以石脑油为原料的甲醇装置；同时，南京化学工业公司研究院研制了联醇用中压铜基催化剂，推动了我国合成氨联产甲醇工业的发展。70~80 年代，四川维尼纶厂从 ICI 公司引进了以乙炔尾气为原料的低压甲醇装置。山东齐鲁石化公司第二化肥厂从 Lurgi 公司引进了以渣油为原料的低压甲醇装置。80 年代，上海吴泾等中型氨肥厂在高压下将锌铬催化剂改为使用铜基催化剂；同时，淮南化工总厂等许多联醇装置为增加效益，提高了生产中的醇/氨比；西南化工研究院和南京化学公司研究院开发了性能良好的低压甲醇催化剂，推进了甲醇工业的发展。

3.2.3.1　氯甲烷水解法

反应：

$$CH_3Cl+H_2O \xrightarrow{\text{NaOH}} CH_3OH+HCl$$

但即使与碱溶液共沸至 140℃，其水解速率仍很缓慢。在 350℃，于流动系统中在硝石灰作用下氯甲烷可以定量地转变为甲醇和二甲醚，所得到的甲醇产率为 67%，二甲醚为 33%。氯甲烷的转化率达 98%。

3.2.3.2　甲烷部分氧化法

反应：

$$2CH_4+O_2 \longrightarrow 2CH_3OH$$

这种制甲醇的方法工艺流程简单，建设投资节省，且将便宜的原料甲烷变成贵重的产品甲醇，是一种可取的制甲醇方法。但是，这种氧化过程不易控制，常因深度氧化生成碳的氧化物和水而使原料和产品受到很大损失，致使甲醇的总收率不高。

3.2.3.3　由碳的氧化物与氢合成

在铜基催化剂或锌铬催化剂存在下，在 (50.66~303.98)×10^5 Pa（50~300atm）下，温度 240~400℃下，由碳的氧化物与氢合成制得。

反应：

$$CO+2H_2 \rightleftharpoons CH_3OH$$
$$CO_2+3H_2 \rightleftharpoons CH_3OH+H_2O$$

3.3 甲醇工艺生产原理

3.3.1 煤制甲醇的生产原理

生产甲醇，首先要提供含一氧化碳和氢的原料气，其中二氧化碳含量不能超过5%。不管用什么原料制得的一氧化碳和氢原料气都含有硫的化合物杂质，这些杂质都是甲醇合成催化剂的毒物，因此在合成之前，需把这些杂质彻底除去。此外甲醇合成还需要提供高温高压的反应条件。这样，甲醇合成的生产过程一般将水煤浆送气化炉，同时在气化炉中送入空分来的氧气，这样煤与氧气发生气化反应，制取含氢气、一氧化碳、二氧化碳的粗煤气，接着通过变换反应可将一部分一氧化碳变换为二氧化碳，同时产生大量的氢气。使得氢气与一氧化碳体积比满足甲醇合成所需的2∶1的比例。含二氧化碳、一氧化碳、氢气以及硫化物的粗煤气经低温甲醇洗，脱除二氧化碳和硫化物后，作为甲醇合成的原料气和制取一氧化碳的原料气，经净化后的氢气、一氧化碳以2∶1的比例混合后压缩至合成压力，经催化剂精脱硫，进一步除去对甲醇合成催化剂有害的硫化物后，在合成催化剂的作用下进行甲醇的合成，粗甲醇通过三塔精馏生产精甲醇。

生产过程共分为5个工段：气化工段、变换工段、低温甲醇洗工段、合成工段以及精馏工段。

甲醇工艺流程框图见图3-1。

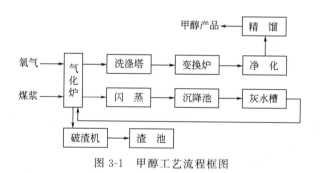

图3-1　甲醇工艺流程框图

3.3.1.1 气化工段

（1）制浆原理

煤制备高浓度水煤浆工艺是针对原料煤的磨矿特性和水煤浆产品质量要求，采用"分级研磨"的方法，能够使煤浆获得较宽的粒度分布，从而明显改善煤浆中煤颗粒的堆积效率，进而提高煤浆的重量浓度。从界区外的煤预处理工段来的碎煤加入料斗中，煤斗中的煤经过煤称重给料机送入粗磨煤机。

来自废浆槽的水通过磨机给水泵和细磨机给水泵送入到粗磨机和细磨机前稀释搅拌桶。所用冲洗水直接来自生产水总管，本工艺包不考虑其储存或输送。

添加剂从添加剂槽中通过添加剂泵送到粗磨煤机中。在磨煤机上装有控制水煤浆pH值和调节水煤浆黏度的添加剂管线。经过细浆制备系统后的细浆通过泵计量输送至粗磨煤机。

破碎后的煤、细浆、添加剂与水一同按照设定的量加入粗磨机入口中，经过粗磨机磨矿制备后的为水煤浆产品，然后进入设在磨机出口的滚筒筛，滤去较大的颗粒，筛下的水煤浆进入磨煤机出料槽，由搅拌槽自流入高剪切处理桶，经过剪切处理后的煤浆质量得到较大改善。高剪切后的大部分煤浆泵送至煤浆储存槽，以便后续气化用；少部分煤浆泵送至细磨机粗浆槽，并加入一定比例的水进行稀释搅拌，配置成浓度约为40%的煤浆，然后由泵送至细磨机进行磨矿，细磨机磨制后的煤浆自流入旋振筛，除去大颗粒后的细浆用泵送入粗磨机。制浆单元的水煤浆制备工艺是以褐煤为原料，采用分级研磨方法通过粗、细磨机上制备出气化水煤浆。

（2）气化工艺原理

浓度为53.4%的水煤浆与空分来的5.5MPa、纯度为99.6%纯氧经喷嘴充分混合后进行部分氧化反应。

气化炉内的气化过程包括：干燥（水煤浆中的水气化）、热解以及由热解生成的碳与气化剂反应三个阶段。主要是碳与气化剂 O_2 之间的反应。

① 裂解区和挥发分燃烧区。当煤粒喷入炉内高温区域将被迅速加热，并释放出挥发物，挥发产物数量与煤粒大小，升温速度有关，裂解产生的挥发物迅速与氧气发生反应，因为这一区域的氧浓度高，所以挥发物的燃烧是完全的，同时产生大量的热量。

② 燃烧-气化区。在这一区域内，脱去挥发物的煤焦，一方面与残余的氧反应（产物是 CO 和 CO_2 的混合物），另一方面煤焦与 H_2O 和 CO_2 反应生成 CO 和 H_2，产物 CO 和 H_2 又可在气相中与残余的氧反应，产生更多的热量。

③ 气化区。燃烧物进入气化区后，发生下列反应，煤焦和 CO_2 反应，煤焦和 H_2O 的反应，甲烷转化反应和水煤浆转化反应，简单的综合反应如下：

$$C_nH_m + n/2O_2 \longrightarrow nCO + m/2H_2$$
$$C_nH_m + n/2H_2O \longrightarrow nCO + (n+m/2)H_2$$
$$CH_4 \longrightarrow C + 2H_2$$
$$C_nH_m + (n+m/4)O_2 \longrightarrow nCO_2 + m/2H_2O$$
$$C + CO_2 \longrightarrow 2CO$$
$$CH_4 + H_2O \longrightarrow CO + 3H_2$$
$$CO + H_2O \longrightarrow CO_2 + H_2$$

上述反应产物主要为 CO、H_2 等。以上反应因煤浆浓度不同气体成分也不相同，在相同的反应条件下煤浆浓度越高，一氧化碳加氢的浓度越高。其主要原因是因为水煤浆中的水在气化反应过程要消耗大量的热，这部分热量要靠煤完全燃烧来维持，所以二氧化碳浓度相对要高，一般 CO 与 CO_2 达66%。

3.3.1.2　变换工段

以煤为原料生产甲醇，存在氢少，碳多的问题，通过变换反应可将一部分一氧化碳变换为二氧化碳，同时产生大量的氢气。使得氢气与一氧化碳体积比满足甲醇合成所需的2:1的比例。通过变换后应将 CO 转变成 CO_2 和 H_2，一方面是 CO_2 较易脱除，另一方面 H_2 是合成甲醇的有效成分，故希望变换反应进行的越彻底越好。

① 主反应：
$$CO + H_2O \rightleftharpoons CO_2 + H_2 + 410.89kJ/mol$$

② 副反应：
甲烷化反应
$$CO + 4H_2 \rightleftharpoons CH_4 + 2H_2O$$
$$2CO + 2H_2 \rightleftharpoons CH_4 + CO_2$$

CO 的分解

$$2CO \Longrightarrow C+CO_2$$

3.3.1.3　低温甲醇洗工段

低温甲醇洗是一种典型的物理吸收过程,利用变换气中的主要脱除成分 H_2S、CO_2 等在吸收剂甲醇中的溶解度不同,在 T301 塔中进行分别吸收,并在后续的甲醇再生过程中,分别解析出来,进行回收利用。CO_2 送往 CO_2 产品单元,H_2S 送入到硫回收单元。

3.3.1.4　合成工段

甲醇合成是在一定压力和催化剂作用下,气体中的一氧化碳、二氧化碳和氢气反应生成甲醇。

主反应:

$$CO+2H_2 \Longrightarrow CH_3OH$$
$$CO_2+3H_2 \Longrightarrow CH_3OH+H_2O$$

副反应:

$$CO+4H_2 \Longrightarrow (CH_3)_2O+H_2O$$
$$2CO+4H_2 \Longrightarrow C_2H_5OH+H_2O$$
$$4CO+8H_2 \Longrightarrow C_4H_9OH+3H_2O$$

此外还有甲酸甲酯、乙酸甲酯及其他高级醇、高级烷烃生成。

甲醇按照生产的压力可分为以下几种。

（1）高压法

高压法是在操作压力 25～35MPa(通常为 30MPa),温度 350～420℃,催化剂为 Zn-Cr 催化剂高温高压下合成甲醇的过程。高压法合成的特点:压力高,能耗较大,副产物多,催化剂选择性、活性较铜基催化剂差。

（2）中压法

生产操作压力为 10MPa,其流程工艺与低压甲醇工艺类似,催化剂为铜基(铜-锌-铝,铜-锌-铬)。它是在低压法的基础上,针对大规模装置,为了节约投资,降低生产成本而发展起来的。中压法是在低压法研究基础上进一步发展起来的,由于低压法操作压力低,导致设备体积相当庞大,不利于甲醇生产的大型化。因此发展了压力为 10MPa 左右的甲醇合成中压法。它能更有效地降低建厂费用和甲醇生产成本。

（3）低压法

生产操作压力为 5MPa,铜基催化剂(铜-锌-铝,铜-锌-铬),合成塔进口 220℃左右,出口 250～270℃。能耗低,杂质少,催化剂活性好。

3.3.1.5　精馏工段

工段采用三塔精馏工艺,包括预塔、加压塔、常压塔。预塔的主要目的是除去粗甲醇中溶解的气体(如 CO_2、CO、H_2 等)及低沸点组分(如二甲醚、甲酸甲酯),加压塔及常压塔的目的是除去水及高沸点杂质(如异丁基油),同时获得高纯度的优质甲醇产品。

3.3.2　甲醇合成工艺条件

3.3.2.1　甲醇合成催化剂

甲醇合成催化剂主要分两类,锌-铬催化剂和铜基催化剂。锌-铬催化剂的活性温度高,为 350～420℃，由于受平衡的限制，需要在高压下操作。铜基催化剂的活性温度低，为 230～290℃，因此可以在较低压力下操作。近年来，低压铜基催化剂的使用逐渐普遍。

几种典型的甲醇合成催化剂的性能如下。

(1) ICI51-1 型甲醇合成催化剂

该催化剂的化学组成为 $CuO60\%$，$ZnO30\%$，$Al_2O_3 10\%$。形状及粒度为 $\phi 5.4mm \times 3.6mm$ 圆柱形颗粒，堆密度为 1.3～1.5kg/L；操作温度为 210～270℃，操作压力可低于 6.2MPa。由于该催化剂对毒物敏感，因此要求合成气中不含硫化物（小于 $0.06mg/m^3$）、氯化物、重金属（包括铁锈）、碱金属及砷。甲醇的产率为 $0.3～0.4t/(m^3 \cdot h)$，寿命在 2 年以上，一般可达 4 年。

(2) Topsφe MK-101 型甲醇合成催化剂

该催化剂具有高活性、高选择性、高稳定性的特点，进口温度为 220℃，经 2 年操作，活性保持稳定。引起催化剂选择性恶化的条件为高压、高温、高 H/C 比、低空速。

(3) 三菱公司 MGC 甲醇合成催化剂

该催化剂活性高、选择性高、(副产物低) 强度高，允许合成气组成范围宽，稳定性好，活性下降缓慢，低温活性好，达到同样空时产量的操作温度比一般催化剂低，并要求操作压力为 5～15MPa，温度为 200～300℃。

(4) 国内铜基催化剂

① C207 型铜基催化剂。主要用于 10～12MPa 下的联醇生产，也可用于 25～30MPa 下得甲醇合成。C207 型铜基催化剂为铜、锌、铝的氧化物，外观为棕黑色光泽圆柱体，粒度为 $\phi 5mm \times 5mm$，堆密度 1.4～1.5kg/L，侧压机械强度 1.4～2.6MPa。该催化剂易吸潮及吸收空气中硫化物，应密闭储存。其使用温度范围为 235～285℃，最佳使用温度范围为 240～270℃。

② C301 型铜基催化剂。由南京化工研究院研制，其主要组分为 $CuO/ZnO/Al_2O_3$，外观为黑色光泽圆柱体，粒度 $\phi 5mm \times 5mm$，堆密度 1.6～1.7kg/L，催化剂的使用温度范围为 230～285℃。

③ C303 型铜基催化剂，是 Cu-Zn-Cr 型低温甲醇催化剂。外观为棕黑色圆柱状 $\phi 4.5mm \times 4.5mm$ 颗粒，颗粒密度 2.0～2.2kg/L。其活性指标为：用含 $CO4.6\%$、$CO_2 3.5\%$、$H_2 83.4\%$、$N_2 8.5\%$ 的原料气，在操作压力 10.0MPa 下，并在温度 227～232℃下，当入口空速为在标准状态下 $3700L/(kg \cdot h)$ 时，出口甲醇含量大于 2.6%；入口空速在标准状态下为 $7900L/(kg \cdot h)$ 时，出口甲醇含量大于 1.4%。

3.3.2.2 甲醇合成的影响因素

甲醇合成生产中，选择合适的工艺操作条件，对获得高产低耗具有重要意义。

(1) 温度的影响

甲醇的合成反应是一个可逆放热反应。从化学平衡考虑，温度提高，对平衡不利；从动力学考虑，温度提高，反应速率加快。因而，存在最佳温度。甲醇合成铜基催化剂的使用温度范围为 210～270℃。温度过高，催化剂易衰老，使用寿命短；温度过低，催化剂活性差，易产生羰基化合物。为保证催化剂长时间使用寿命，应在确保质量的前提下，尽可能控制温度较低些。

① 温度高会影响催化剂的使用寿命。在温度高的情况下，铜基催化剂晶格发生变化，催化剂活性表面逐渐减少。如果温度超过 280℃，催化剂很快丧失活性。

② 温度高会影响产品质量。反应温度高，在 CO 加 H_2 的反应中，副反应生产量增加，使粗甲醇中杂质增加，不但影响产品质量，而且增加了 H_2 的单耗。

③ 温度高会影响设备使用寿命。高温下由于甲酸生成，造成设备氢腐蚀，降低设备机械强度。实际上，反应器的操作温度要兼顾到催化剂使用的初期、中期及后期。制定出合理的温度操作范围。

（2）压力的影响

从化学平衡考虑，压力提高，对平衡有利；从动力学来讲，压力提高，反应速率加快。因而，提高压力对反应有利。但是，压力也不宜过高，否则，不仅增加动力消耗，而且对设备和材料的要求也相应提高。低压甲醇合成，合成压力一般为 4～6MPa。操作压力受催化剂活性，负荷高低，空速大小，冷凝分离好坏，惰性气含量影响。催化剂在使用前期，操作压力一般可以适当低一些，可控制在 4MPa 左右；后期，压力适当提高。

（3）空速的影响

气体与催化剂接触时间的长短，通常以空速来表示，即单位时间内，每单位体积催化剂所通过的气体量，其单位是 $m^3/(m^3$ 催化剂·h)，简写为 h^{-1}。

空速是调节甲醇合成塔温度及产醇量的重要手段。在甲醇生产中，气体一次通过合成塔仅能得到 3%～6% 的甲醇，新鲜气的甲醇合成率不高，因此，新鲜气必须循环使用。在一定条件下，空速增加，气体与催化剂接触时间减少，出塔气体中甲醇含量降低。但由于空速的增加，单位时间内通过催化剂的气体量增加，所以甲醇实际产量是增加的。当空速增大到一定范围时，甲醇产量的增加就不明显了。同时由于空速的增加，消耗的能量也随之加大，气体带走的热量也增加。当气体带走的热量大于反应热时，床层温度会难于维持。

（4）碳氢比的控制

从甲醇反应式可以看出，氢与一氧化碳合成甲醇的物质的量比为 2，与二氧化碳合成甲醇的物质的量比为 3，当一氧化碳与二氧化碳都有时，对原料气中碳氢比（f 或 M 值）有以下两种表达方式：

$$f=\frac{H_2-CO_2}{CO+CO_2}=2.05\sim2.15$$

或

$$M=\frac{H_2}{CO+1.5CO_2}=2.0\sim2.05$$

不同原料采用不同工艺所制得的原料气组成往往偏离上述 f 值或 M 值。生产中合理的碳氢比应比化学计量比略高些，按化学计量比，f 值或 M 值约为 2，实际控制得略高于 2，即通常保持略高的氢含量。过量的氢对减少羰基铁的生成与高级醇的生成及延长催化剂寿命起着有益的作用。

（5）惰性气体含量

甲醇系统的惰性气体是指氮、氩气及其他不凝性的有机化合物。系统中惰性气含量高，相应地降低了 CO、CO_2、H_2 的有效分压，对合成甲醇反应不利，动力消耗也增加。惰性气体来源于原料气及合成甲醇过程的副反应。对于甲醇生产厂家，循环气中惰性气含量会不断累积，需要经常排放一部分气体来维持惰性气的一定含量。

（6）二氧化碳的含量

二氧化碳也能参加合成甲醇的反应，对于铜系催化剂，二氧化碳的作用比较复杂，既有动力学方面的作用，还可能具有化学助剂的作用，归纳起来，其有利的方面为：

① 含有一定量的 CO_2 可促进甲醇产率的提高；

② 提高催化剂的选择性，可降低醚类等副反应的发生；

③ 可更有利于调节温度，防止超温，延长催化剂的寿命；

④ 防止催化剂积炭。

其不利方面为：与 CO 合成甲醇相比，每生成 1kg 甲醇多消耗 $0.7m^3$ 的 H_2，使粗醇中水含量增加,甲醇浓度降低。

总之,在选择操作条件时,应权衡 CO_2 的利弊。通常,在使用初期,催化剂活性较好时,应适当提高原料气中 CO_2 的浓度,使合成甲醇的反应不致过分剧烈,以利于床层温度的控制;在使用后期,可适当降低原料气中 CO_2 的浓度,促进合成甲醇反应的进行,控制与稳定床层温度。在采用铜基催化剂时,原料气中 CO_2 的含量通常在 6%(体积分数)左右,最大允许 CO_2 含量为 12%~15%。

(7)入塔甲醇含量

入塔甲醇含量越低,越有利于甲醇合成反应的进行,也可减少高级醇等副产物的生成。为此,应尽可能降低水冷却器温度,努力提高甲醇分离器效率,使循环气和入甲醇塔的气体中甲醇含量降到最低限。采用低压合成甲醇时,要求冷却分离后气体中的甲醇含量为 0.6% 左右。一般控制水冷却器后的气体温度在 30~40℃。

(8)氨的影响

氨进入甲醇合成塔,将会影响催化剂的活性、寿命及粗甲醇的质量。其化学反应式如下:

$$CH_3OH+NH_3 \longrightarrow NH_2CH_3+H_2O+20.75kJ/mol$$
$$2CH_3OH+NH_3 \longrightarrow NH(CH_3)_2+2H_2O+60.88kJ/mol$$
$$3CH_3OH+NH_3 \longrightarrow N(CH_3)_3+3H_2O+407.55kJ/mol$$

3.3.3　甲醇工艺流程

3.3.3.1　气化工段工艺流程(工艺流程图参见附录)

(1)气化炉系统

来自煤浆槽 V101 浓度为 53.4% 的水煤浆,由高压煤浆泵 P101 加压,投料前经煤浆循环阀循环至煤浆槽 V101。投料后经煤浆切断阀送至主烧嘴的环隙。

空分装置送来的纯度为 99.6% 的氧气,由 FV1004 控制氧气压力为 5.5~5.8MPa,在准备投料前打开氧气手动阀,由氧气调节阀控制氧气流量,经氧气放空阀送至氧气消声器放空。投料后由氧气调节阀控制氧气流量经氧气上、下游切断阀分别送入主烧嘴的中心管、外环隙。

水煤浆和氧气在工艺烧嘴中充分混合雾化后进入气化炉的燃烧室中,在约 4.0MPa、1200℃ 条件下进行气化反应。生成以 CO 和 H_2 为有效成分的粗煤气。粗煤气和熔融态灰渣一起向下,经过均匀分布激冷水的激冷环沿下降管进入激冷室的水浴中。大部分的熔渣经冷却固化后,落入激冷室底部。粗煤气从下降管和导气管的环隙上升,出激冷室去洗涤塔 T101。在激冷室合成气出口处设有工艺冷凝液冲洗,以防止灰渣在出口管累积堵塞。

激冷水经激冷水过滤器 S101 滤去可能堵塞激冷环的大颗粒,送入位于下降管上部的激冷环。激冷水呈螺旋状沿下降管壁流下进入激冷室。激冷室底部黑水,经黑水排放阀送入黑水处理系统,激冷室液位控制在 60%~65%。在开车期间,黑水经黑水开工排放阀排向沉降槽。

在气化炉预热期间,激冷室出口气体由开工抽引器排入大气。开工抽引器底部通入低压蒸汽,通过调节预热烧嘴风门和抽引蒸汽量来控制气化炉的真空度。

(2)粗煤气洗涤系统

从激冷室出来的粗煤气与激冷水泵 P102 送出的激冷水充分混合,使粗煤气夹带的固体颗粒完全湿润,以便在洗涤塔 T101 内能快速除去。

水蒸气和粗煤气的混合物进入洗涤塔 T101,沿下降管进入塔底的水浴中。合成气向上穿过水层,大部分固体颗粒沉降到塔底部与粗煤气分离。上升的粗煤气沿下降管和导气管的环隙向上穿过四块冲击式塔板,与冲洗水逆向接触,洗涤掉剩余的固体颗粒。粗煤气在洗涤塔顶部经过丝网除沫器,除去夹带气体中的雾沫,然后离开洗涤塔(T101)进入变换工序。

粗煤气水气比控制在 1.4~1.6 之间,含尘量小于 $1mg/m^3$。在洗涤塔 T101 出口管线上设有在线分析仪,分析合成气中 CH_4、O_2、CO、CO_2、H_2 等含量。

在开车期间，粗煤气经背压阀排放至开工火炬来控制系统压力 PICA1006 在 3.82MPa。火炬管线连续通入 LN（低压氮气）使火炬管线保持微正压。当洗涤塔 T101 出口粗煤气压力温度正常后，缓慢打开粗煤气手动控制阀向变换工序送粗煤气。

洗涤塔 T101 底部黑水经黑水排放阀排入高压闪蒸罐 D102 处理。除氧器 D106 的灰水由高压灰水泵 P106 加压后进入洗涤塔 T101，由洗涤塔的液位控制阀控制洗涤塔的液位在 60%。当除氧器的液位低时，由除氧器的补水阀来补充工业水，用除氧器压力调节阀控制低压蒸汽量从而控制除氧器的压力。从洗涤塔 T101 中下部抽取的灰水，由激冷水泵 P102 加压作为激冷水和进入洗涤塔 T101 的洗涤水。

（3）锁斗系统

激冷室底部的渣和水，在收渣阶段经锁斗收渣阀进入锁斗 D101。锁斗循环泵 P103 从锁斗顶部抽取相对洁净的水送回激冷室底部，帮助将渣冲入锁斗。

锁斗循环分为泄压、清洗、排渣、充压、收渣五个阶段，由锁斗程序自动控制。循环时间一般为 30min，可以根据具体情况设定。锁斗程序启动后，锁斗泄压阀打开，开始泄压，锁斗内压力泄至渣池。泄压后，清洗泄压管线。锁斗排渣阀打开，开始排渣。排渣完成后，锁斗排渣阀关闭。锁斗充压阀打开，用高压灰水泵 P106 来的灰水开始为锁斗进行充压。当气化炉与锁斗压差（小于 180kPa）低时，锁斗收渣阀打开，锁斗充压阀关闭，锁斗循环泵循环阀关闭，锁斗开始收渣。当收满渣后，锁斗循环泵循环阀打开，锁斗循环泵 P103 自循环。锁斗收渣阀关闭，锁斗泄压阀打开，锁斗重新进入泄压步骤。如此循环。

（4）黑水处理系统

来自气化炉激冷室 R101 和洗涤塔 T101 的黑水分别经减压阀减压后进入高压闪蒸罐 D102，由高压闪蒸压力调节阀控制高压闪蒸系统压力在 0.5MPa。黑水经闪蒸后，一部分水被闪蒸为蒸汽，少量溶解在黑水中的粗煤气解析出来，同时黑水被浓缩，温度降低。从高压闪蒸罐 D102 顶部出来的闪蒸气经灰水加热器 E101 与高压灰水泵 P106 送来的灰水换热冷却后，进入高压闪蒸分离罐 D103，分离出的不凝气送至火炬，冷凝液经液位调节阀进入除氧器 D106 循环使用。

高压闪蒸罐 D102 底部出来的黑水经液位调节阀减压后，进入真空闪蒸罐 D104 在 -0.05MPa（A）下进一步闪蒸，浓缩的黑水自流入沉降槽 V105。真空闪蒸罐 D104 顶部出来的闪蒸气经真空闪蒸罐顶冷凝器 E102 冷凝后进入真空闪蒸罐顶分离器 D105，冷凝液进入灰水槽 V104 循环使用，顶部出来的闪蒸气用闪蒸真空泵 P104 抽取在保持真空度后排入大气，液体自流入灰水槽 V104 循环使用。闪蒸真空泵 P104 的密封水由 PW2 提供。

从真空闪蒸罐 D104 底部自流入沉降槽 V105 的黑水，为了加速在沉降槽中的沉降速度，在黑水流入沉降槽处加入絮凝剂。沉降槽沉降下来的细渣由沉降槽耙灰器刮入底部，送入带式真空过滤机，上部的澄清水溢流到灰水槽循环使用。

气化工段流程框图见图 3-2。

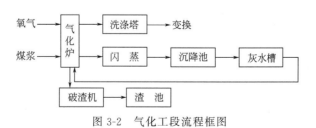

图 3-2　气化工段流程框图

3.3.3.2　变换工段工艺流程（工艺流程图参见附录）

由气化炉洗涤塔来的粗水煤气（3.85MPa、232℃）经 1 号气液分离器 V201 分离掉气体夹带的水分后，其中一部分进入原料气预热器 E201 与变换气换热至 285℃左右进入变换炉 R201，与自身携带的水蒸气在耐硫变换催化剂作用下进行变换反应，变换气出口 CO 含量约为 5.27%，出变换炉的高温气体（449℃）经原料气预热器 E201 与进变换的粗水煤气换热后，温度降为 381℃与另一部分未进入变换炉 R201 的水煤气（约 76%）汇合，然后进入 1 号低压蒸汽发生器 E202，副产 0.9MPa 蒸汽，温度降至 200℃之后进入 2 号气液分离器 V202，进行气液分离，分离的气体进入 2 号低压蒸汽发生器 E203 副产 0.4MPa 的低压蒸汽，温度降至 180℃，然后进入 3 号气液分离器进行气液分离，之后气体进入 1 号除盐水预热器 E204 最终冷却到 40℃进入 4 号气液分离器 V204，气液分离器顶部喷入冷密封水洗涤气体中的 NH_3，然后气体送至低温甲醇洗变换气净化系统，甲醇合成气。

1 号气液分离器 V201 排出的冷凝液送至 3 号气液分离器 V203，2 号气液分离器 V202 排出的冷凝液也送至 3 号气液分离器 V203，从 3 号气液分离器 V203 排出的工艺热冷凝液出口分为两路：一路通过工艺热冷凝液泵 P201 送至气化工段；另一路送至外界。

变换工段工艺流程框图见图 3-3。

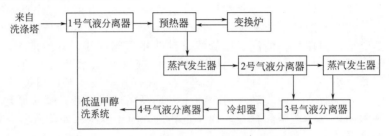

图 3-3　变换工段工艺流程框图

3.3.3.3　低温甲醇洗工段工艺流程（工艺流程图参见附录）

甲醇洗装置包括：原料变换气冷却、酸性气体 H_2S/CO_2 吸收、甲醇溶液闪蒸再生与有用气体 H_2、CO 等的回收、CO_2 解吸与 CO_2 产品气回收、H_2S 浓缩（N_2 气提）、甲醇溶液热再生与 H_2S 回收、甲醇/水分离、尾气水洗回收甲醇。

来自变换单元的变换气［温度为 40℃，压力为 3.3MPa（G），流量为 97256kg/h］，先喷射少量甲醇（流量为 663kg/h），经 E301 与合成气、CO_2 和尾气换热后，温度降至 −13℃，并在 V301 罐分离甲醇/水混合物后，进入吸收塔 T301 脱硫段，其中 T301 分为四段，最下段为脱硫段（称为下塔），上面的三段为脱碳段（称为上塔）。在脱硫段变换气经富含 CO_2 的甲醇液洗涤，脱除 H_2S、COS 和部分 CO_2 等组分后进入脱碳段，进入脱碳段的气体不含硫，在 T301 塔顶用贫甲醇液（温度为 −54.51℃，流量为 212362kg/h）洗涤。净化气［CO_2 含量≤20mg/m^3，H_2S 含量≤0.1mg/m^3，温度为 −54.51℃，压力为 3.15MPa（G），流量为 7301kg/h］，由塔顶引出送入液氮洗单元。其中吸收塔 T301 设有两个中间冷却器 E302 和 E303，用来移走甲醇因吸收 CO_2 所产生的溶解热。

吸收了 H_2S 和 CO_2 后，从 T301 塔脱硫段出来的含硫富甲醇液经过换热器 E304、E305、E306，分别与 CO_2、V304 罐底甲醇、液氨换热器换热降温再减压至 0.9MPa（G）后，在 V302 罐闪蒸出溶解的氢气、CO 及少量 CO_2、H_2S 等气体。同样，从吸收塔脱碳段出来的不含硫的甲醇液经过换热器 E301、E305、E306，分别与来自 600 单元的合成气、V304 罐底甲醇、氨冷器换热降温再减压至 0.9MPa（G）后，在 V303 罐闪蒸出溶解的氢气、CO 及少量 CO_2 等气体。两部分闪蒸气体混合后排出系统。

从 V302 罐出来的含硫甲醇减压至 0.19MPa（G）后，一部分送入 T302 塔下部，闪蒸出溶解的 CO_2，同时溶解的 H_2S 也部分闪蒸出来；另一部分含硫甲醇从 V302 罐出口直接送入 T303 塔上段，二者的流量根据 CO_2 产品气量的要求调节。从 V303 罐出来的不含硫甲醇液进入 T302 塔顶，闪蒸出溶解的 CO_2，液相部分回到 T302 塔内洗涤塔内的含硫气体后，在 T302 塔一层塔盘处，一部分靠压差送入 T303 塔顶部，另一部分作为回流液，洗涤 T302 塔二段含硫气体。T302 塔顶得到 CO_2 产品气（36732kg/h），与含硫甲醇及变换气换热后送入产品单元。

从 T302 塔二层采出的液体靠压差送入 T303 塔上段下部，再进一步闪蒸出部分溶解的

CO_2，同时溶解的 H_2S 也部分闪蒸出来，T303 塔顶用从 T302 塔来的不含硫甲醇液洗涤，以吸收气体中的硫化物，塔顶得到不含硫的尾气。尾气经 E308、E301 与贫甲醇液、变换气换热升温后，尾气中甲醇含量 $<190mg/m^3$，总硫 $<20mg/m^3$ 时在 50m 高度排放。

从 T303 塔上段下部采出的含硫的甲醇液，作为系统温度最低的冷源用泵 P301 送至 E308、E303 与贫甲醇换热升温后进入 V304 罐，闪蒸出部分溶解的 CO_2 等气体，送入 T302 塔下部；液体经 P302 泵送至 E305 与不含硫甲醇、含硫甲醇，进一步换热升温后也进入 T302 塔底部，闪蒸出溶解的气体。

从 T302 塔下部的甲醇，靠压差送入 T303 塔下段，用气提氮气提后得到 CO_2 含量较低而且温度也较低的甲醇液，用 P303 泵送至换热器 E309 与从热再生塔 T304 来的贫甲醇换热后进入 T304 塔，经塔釜再沸器 E310［采用 0.5MPa（G）蒸汽加热］进行热再生，塔底得到贫甲醇，塔顶得到富含 H_2S 的气体（H_2S 含量≥25％），送至硫回收单元。

贫甲醇从 T304 塔釜采出，经 E309、E308 换热降温至 -54.51℃后，送到吸收塔 T301 顶部，作为 T301 塔洗涤甲醇。

T304 塔顶得到的 H_2S 浓度较高的气体，经过水冷器 E311 冷却后，进入到 V305 罐中，气液分离后，液相用 P306 泵送回 T404 作为回流液，气相回到 T503 塔下塔。

T304 塔底的甲醇液经过 P305 泵后，经 V301 罐来的甲醇/水混合液换热后，进入 T305 塔顶部。

从 V301 罐分离出来的含水甲醇还含有 CO_2，经 E512 换热后进入到甲醇/CO_2 闪蒸罐 V306 分离后，气相返回到 T303 塔下塔，液相送入甲醇水分离塔 T305 中部；从尾气水洗塔 T306 塔底来的含有少量甲醇的水溶液也进入 T305 塔中部。

来自 V301 罐甲醇/水混合液、T304 塔底的甲醇液及 T306 塔底来的含有少量甲醇的水溶液进入 T305 塔，进行甲醇/水分离（塔釜再沸器 E313，用 1.0MPa 蒸汽加热），得到较纯的甲醇蒸气，被送回 T304 塔。T305 塔底得到废水，排至水处理单元。

低温甲醇洗工段流程框图见图 3-4。

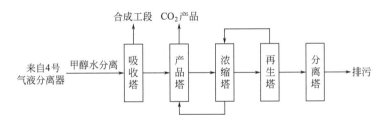

图 3-4　低温甲醇洗工段流程框图

3.3.3.4　合成工段工艺流程（工艺流程图参见附录）

甲醇合成装置仿真系统的设备包括循环气压缩机 C401、甲醇分离器 V402、中间换热器 E401、冷却器 E402、甲醇合成塔 R401、蒸汽包 V401 以及开工喷射器 X401 等。甲醇合成是强放热反应，进入催化剂层的合成原料气需先加热到反应温度（>210℃）才能反应，而低压甲醇合成催化剂（铜基催化剂）又易过热失活（>280℃），就必须将甲醇合成反应热及时移走，本反应系统将原料气加热和反应过程中移热结合，反应器和换热器结合连续移热，同时达到缩小设备体积和减少催化剂层温差的作用。低压合成甲醇的理想合成压力为 4.8～5.5MPa，在本仿真中，假定压力低于 3.5MPa 时反应即停止。

蒸汽驱动透平带动压缩机运转，提供循环气连续运转的动力，并同时往循环系统中补充 H_2 和混合气（$CO+H_2$），使合成反应能够连续进行。反应放出的大量热通过蒸汽包 V401 移走，合成塔入口气在中间换热器 E401 中被合成塔出口气预热至 46℃后进入合成塔 R601，合成塔出口气由 255℃ 依次经中间换热器 E401、甲醇冷却器 E402 换热至 40℃，与补加的 H_2 混合后进入甲醇分离器 V402，分离出的粗甲醇送往精馏系统进行精制，气相的一小部分送往火炬，气相的大部分作为循环气被送往压缩机 C401，被压缩的循环气与补加的混合气混合后经 E401 进入反应器 R401。

合成甲醇流程控制的重点是反应器的温度、系统压力以及合成原料气在反应器入口处各组分的含量。反应器的温度主要是通过汽包来调节，如果反应器的温度较高并且升温速度较快，这时应将汽包蒸汽出口开大，增加蒸汽采出量，同时降低汽包压力，使反应器温度降低或温升速度变小；如果反应器的温度较低并且升温速度较慢，这时应将汽包蒸汽出口关小，减少蒸汽采出量，慢慢升高汽包压力，使反应器温度升高或温降速度变小；如果反应器温度仍然偏低或温降速度较大，可通过开启开工喷射器 X401 来调节。系统压力主要靠混和气入口量 FIC4001、H_2 入口量 FIC4002、放空量 PIC4004 以及甲醇在分离罐中的冷凝量来控制。合成原料气在反应器入口处各组分的含量是通过混和气入口量 FIC4001、H_2 入口量 FIC4002 以及循环量来控制的，冷态开车时，由于循环气的组成没有达到稳态时的循环气组成，需要慢慢调节才能达到稳态时的循环气的组成。

合成工段流程框图见图 3-5。

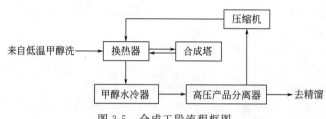

图 3-5   合成工段流程框图

3.3.3.5   精馏工段工艺流程（工艺流程图参见附录）

从甲醇合成工号来的粗甲醇经过粗甲醇预热器 E501 加热后进入预塔 T501，经 T501 分离后，塔顶气相为二甲醚、甲酸甲酯、二氧化碳、甲醇等蒸气，经二级冷凝后，不凝气通过火炬排放，冷凝液中补充脱盐水返回 T501 作为回流液，塔釜为甲醇水溶液，经加压塔回流泵 P503 增压后用加压塔 T502 塔釜出料液在 E505 中进行预热，然后进入 T502。

经 T502 分离后，塔顶气相为甲醇蒸气，与常压塔 T503 塔釜液换热后部分返回 T502 打回流，部分采出作为精甲醇产品，塔釜出料液在 E505 中与进料换热后作为 T503 塔的进料。

在 T503 中甲醇与轻重组分以及水得以彻底分离，塔顶气相为含微量不凝气的甲醇蒸气，经冷凝后，不凝气通过火炬排放，冷凝液部分返回 T503 打回流，部分采出作为精甲醇产品，塔下部侧线采出杂醇油作为回收塔的进料。塔釜出料液为含微量甲醇的水送污水处理厂。

精馏工段流程框图见图 3-6。

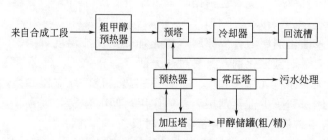

图 3-6   精馏工段流程框图

3.4　甲醇装置仿真操作

甲醇装置仿真操作软件的操作与均酐装置相同，具体操作可参考软件内说明。

3.5　甲醇工艺模拟实操

甲醇装置仿模拟实操操作与均酐装置相同，具体操作可参考第2章2.6相关内容。

3.5.1　甲醇工艺现场主要设备

3.5.1.1　气化工段主要设备

气化工段设备见表3-4。

表 3-4　气化工段设备表

序号	设备位号	设备名称	序号	设备位号	设备名称
塔			换热器		
1	R101	气化炉	1	E101	灰水加热器
2	T101	合成气洗涤塔	2	E102	真空闪蒸罐顶冷凝器
罐			泵及其他		
1	V101	煤浆槽	1	P101	高压煤浆泵
2	V102	密封水槽	2	P102	激冷水泵
3	V103	开工抽引气分离罐	3	P103	锁斗循环泵
4	V104	灰水槽	4	M102	破渣机
5	V105	沉降槽	5	J101	开工抽引器
6	D101	锁斗	6	N101	氧气放空消声器
7	D102	高压闪蒸罐	7	Z101	工艺烧嘴
8	D103	高压闪蒸分离罐	8	M101	煤浆槽搅拌器
9	D104	真空闪蒸罐	9	S101	激冷水过滤器
10	D105	真空闪蒸分离罐	10	P104	闪蒸真空泵
11	D106	除氧器	11	P105	灰水槽泵
			12	P106	高压灰水泵

3.5.1.2　变换工段主要设备

变换工段设备见表3-5。

表 3-5　变换工段设备表

序号	设备位号	设备名称	序号	设备位号	设备名称
1	R201	变换炉	7	E202	1号低压蒸汽发生器
2	V201	1号汽液分离器	8	E203	2号低压蒸汽发生器
3	V202	2号汽液分离器	9	E204	1号除盐水预热器
4	V203	3号汽液分离器	10	E205	5开工蒸汽加热器
5	V204	4号汽液分离器	11	P201	1号工艺热冷凝液泵
6	E201	原料气预热器			

3.5.1.3　低温甲醇洗工段主要设备

低温甲醇洗工段设备见表3-6。

表 3-6　低温甲醇洗工段设备表

序号	设备位号	设备名称	序号	设备位号	设备名称
		塔			换热器
1	T301	H_2S、CO_2 吸收塔	1	E301	进料气冷却器
2	T302	CO_2 产品塔	2	E302	洗涤塔段间氨冷器
3	T303	H_2S 浓缩塔	3	E303	洗涤塔段间冷却器
4	T304	热再生塔	4	E304	含硫甲醇冷却器
5	T305	甲醇/水分离塔	5	E305	循环甲醇换热器
		罐	6	E306	含硫甲醇氨冷器
1	V301	甲醇/水分离器	7	E307	无硫甲醇氨冷器
2	V302	含硫甲醇闪蒸罐	8	E308	4 号贫甲醇冷却器
3	V303	无硫甲醇闪蒸罐	9	E309	1 号贫甲醇冷却器
4	V304	甲醇中间储罐	10	E310	热再生塔再沸器
5	V305	热再生塔回流罐	11	E311	热再生塔塔顶水冷器
6	V306	甲醇/二氧化碳闪蒸罐	12	E312	甲醇/水分离塔进料加热器
		双泵、压缩机及过滤器	13	E313	甲醇/水分离塔再沸器
1	P301	闪蒸甲醇泵			
2	P302	富甲醇泵			
3	P303	热再生塔进料泵			
4	P304	贫甲醇泵			
5	P305	热再生塔塔顶回流泵			
6	P306	甲醇/水分离塔进料泵			

3.5.1.4　合成工段主要设备

合成工段设备见表3-7。

表 3-7　合成工段设备表

序号	设备位号	设备名称	序号	设备位号	设备名称
1	C401	循环气压缩机	4	V402	甲醇分离器
2	V401	蒸汽包	5	E401	中间换热器
3	R401	甲醇合成塔	6	E402	甲醇冷却器

3.5.1.5　精馏工段主要设备

精馏工段设备见表3-8。

表 3-8　精馏工段设备表

序号	设备位号	设备名称	序号	设备位号	设备名称
1	T501	预塔	11	E508	常压塔冷凝器
2	E501	粗甲醇预热器	12	E513	加压塔冷凝器
3	E502	预塔再沸器	13	P502	T501 回流泵
4	E503	预塔一级冷凝器	14	P503	T501 回流泵
5	V501	预塔回流罐	15	P504	T502 底部泵
6	T502	加压塔	16	P505	常压塔回流泵
7	E504	加压塔预热器	17	E503	预塔回流罐冷凝器
8	E505	加压塔蒸汽再沸器	18	V505	加压塔回流罐
9	T503	常压塔	19	V506	常压塔回流罐
10	E507	常压塔再沸器			

3.5.2　甲醇工艺工艺参数

3.5.2.1　气化工段工艺参数

气化工段工艺参数见表 3-9。

表 3-9　气化工段工艺参数

序号	仪表位号	描述	单位	正常值
		流量		
1	FIC1000	V101 煤浆进料流量	m³/h	37.41
2	FIA1001	高压煤浆泵出口	m³/h	37.41
3	FIA1002	入炉煤浆流量	m³/h	37.41
4	FI1003	高压氮气	m³/h	0
5	FIA1004	氧气	m³/h	11511
6	FISCA1005	激冷水泵出口	m³/h	109
7	FI1006	高压氮气	m³/h	0
8	FI1007	高压氮气	m³/h	0
9	FIC1008	洗涤塔出口黑水	m³/h	15.09
10	FIA1009	锁斗循环泵出口	m³/h	25.25
11	FICA1010	激冷室出口黑水	m³/h	95.19
12	FI1011	洗涤塔出口粗煤气	m³/h	90492
13	FIC1012	洗涤塔上塔板工艺凝液	m³/h	20
14	FI1013	主烧嘴冷却水入口	m³/h	18
15	FI1014	烧嘴中心氧	m³/h	1197
16	FIA1015	高压煤浆泵出口	m³/h	37.41
17	FIC1016	预热烧嘴入口液化气	m³/h	0
18	FIC1017	高压灰水泵去气化炉灰水	m³/h	30.02
19	FICA1018	托砖板冲洗水	m³/h	10.00
20	FI1019	D103 不凝气去火炬	kg/h	2096.14
21	FIAS1020	高压灰水泵 P106 出口	m³/h	109
		温度		
1	TIA1001	煤浆泵出口温度计	℃	50
2	TIA1002	氧气温度	℃	25
3	TIA1003	气化炉	℃	1200
4	TIA1004	气化炉托转板	℃	212
5	TIA1005	气化炉出口气体	℃	222.1
6	TI1006	锁斗循环泵出口	℃	222.1
7	TIA1007	主烧嘴出口冷却水出口	℃	49
8	TI1008	激冷室出口黑水	℃	222.1
9	TI1009	烧嘴冷却水上水温度	℃	43
10	TI1010	洗涤塔出口粗煤气	℃	215.6
11	TI1011	高压闪蒸罐 D102 顶出口	℃	158.8
12	TI1012	真空闪蒸罐 D104 顶出口	℃	73.9
13	TI1013	灰水加热器 E101 出口温度计	℃	133.8
14	TI1014	脱氧槽温度	℃	104.2
		压力		
1	PIA1001	界区至气化炉氧气	MPa	5.8
2	PI1002	高压煤浆泵出口	MPa	6
3	PIA1003	氧气压力切断阀后	MPa	5.3
4	PI1004	气化炉出口气体	MPa	3.93
5	PIA1005	氧气压力切断阀前	MPa	5.50
6	PICA1006	洗涤塔出口气体	MPa	3.82

续表

序号	仪表位号	描述	单位	正常值
		压力		
7	PIA1007	泵 P106 出口	MPa	4.4
8	PIA1008	锁斗	MPa	3.92
9	PI1009	气化炉	MPa	4
10	PICA1010	预热烧嘴入口液化气	MPa	0.03～0.08
11	PICA1011	高压氮气	MPa	0
12	PI1012	水煤浆入炉	MPa	5.5
13	PIA1013	锁斗循环泵 P103 出口	MPa	4.42
14	PICA1014	R101 至高压闪蒸罐 D102 入口	MPa	3.82
15	PICA1015	T101 至高压闪蒸罐 D102 入口	MPa	3.72
16	PIC1016	高压闪蒸罐	MPa	0.5
17	PICA1017	真空闪蒸罐	MPa	−0.07
18	PIC1018	除氧器	MPa	0.05
19	PDI1001	氧气流量阀前后压差	MPa	0.2
20	PDIA1002	气化炉渣口压差	MPa	0.07
21	PDIA1003	烧嘴压差	MPa	2
22	PDIA1004	激冷水过滤器压差	kPa	80
23	PDI1005	气化炉激冷室与锁斗差压	kPa	0.01
24	PG1001	开工真空表	MPa	0
		其他		
1	LICA1001	激冷室	mm	3000
2	LISA1002	煤浆槽	mm	3500
3	LIS1003	锁斗	%	100
4	LICA1004	洗涤塔	%	60
5	LICA1005	D102 高闪罐	%	50
6	LICA1006	D103 高闪分离罐	%	50
7	LICA1007	D104 真闪罐	%	50
8	LIA1008	D105 真闪分离器	%	50
9	LICA1009	V104 灰水槽	%	50
10	LIC1010	D106 除氧器	%	50

3.5.2.2　变换工段工艺参数

变换工段设备工艺参数见表 3-10。

表 3-10　变换工段设备工艺参数

序号	仪表位号	描述	单位	正常值
		温度		
1	TIC2001	E205 出口气体温度指示调节	℃	345～355
2	TICA2002	R201 出口水煤气温度指示	℃	280～290
3	TIA2003	R201 进口水煤气温度指示	℃	280～290
4	TIA2004A	R201 上部温度指示报警	℃	240～330
5	TIA2004B	R201 中部温度指示报警	℃	270～350
6	TIA2004C	R201 下部温度指示报警	℃	400～450
7	TI2005	E201 出口工艺气温度指示	℃	375～385
8	TI2006	V202 出口变换气温度指示	℃	197～202
97	TI2007	V203 出口变换气温度指示	℃	177～182
10	TI2008	E204 出口变换气温度指示	℃	67～72
11	TI2009	V204 出口变换气温度指示	℃	37～42
		压力		
1	PIC2001	E202 出口蒸汽压力指示调节	MPa	0.7～1.2
2	PI2002	R201 进口水煤气压力指示	MPa	3.49～3.89

序号	仪表位号	描述	单位	正常值
		压力		
3	PDI2003	R201 进出口气体压差指示报警	MPa	0.05～0.10
4	PIC2004	E203 出口蒸汽压力指示调节	MPa	0.45～0.52
5	PICS2005	V204 出口变换气压力指示调节	MPa	3.05～3.55
6	PIAS2006	P201 出口压力指示报警	MPa	0.09～0.14
7	FICA2001	V204 密封水流量指示调节报警	m³/h	2～5
8	FIC2002	低压氮气流量指示调节	m³/h	4800～8800
9	FIC2003	水煤气流量指示调节	m³/h	40000～50000
		液位		
1	LICA2001	E203 液位指示调节	%	50
2	LICA2002	V201 液位指示调节	%	50
3	LICA2003	E202 液位指示调节	%	50
4	LICA2004	V202 液位指示调节	%	50
5	LICA2005	V203 液位指示调节	%	50
6	LICA2006	V204 液位指示调节	%	50

3.5.2.3　低温甲醇洗工段工艺参数

低温甲醇洗工段工艺参数见表 3-11。

表 3-11　低温甲醇洗工段工艺参数

序号	仪表位号	描述	单位	正常值
		流量		
1	FI3001	变换气流量	kg/h	97256
2	FICA3002	T301 塔下塔回流液流量	kg/h	138627
3	FICA3003	V302 罐含硫甲醇去 T302 塔入口流量	kg/h	134632
4	FICA3004	T302 塔一层塔盘回流液流量	kg/h	76295
5	FICA3005	T304 塔再沸器加热蒸汽流量	kg/h	9150
6	FIC3006	贫甲醇 E312 入口流量	kg/h	2716
7	FIC3007	T305 塔再沸器加热蒸汽流量	kg/h	1950
		温度		
1	TI3001	变换气温度	℃	45
2	TI3002	尾气 E301 出口温度	℃	30
3	TI3003	合成气 E301 出口温度	℃	30
4	TIA3004	CO_2 产品气 E301 出口温度	℃	10
5	TI3005	变换气 V301 出口温度	℃	−13
6	TI3006	H_2S 富甲醇 T301 塔底出口温度	℃	−14.9
7	TI3007	净化气 T301 出口温度	℃	−54.5
8	TI3008	CO_2 富甲醇 T301 塔三层塔盘出口温度	℃	−15.9
9	TI3009	CO_2 富甲醇 E302 入口温度	℃	−17
10	TI3010	CO_2 富甲醇 E302 出口温度	℃	−23.2
11	TI3011	CO_2 富甲醇 T301 塔一层塔盘出口温度	℃	−23.4
12	TI3012	CO_2 富甲醇 T301 塔三层塔盘入口温度	℃	−34.6
13	TI3013	CO_2 富甲醇 T301 塔二层塔盘出口温度	℃	−29.9
14	TI3014	H_2S 富甲醇 E304 进口温度	℃	−15
15	TI3015	H_2S 富甲醇 E304 出口温度	℃	−16.6
16	TI3016	V304 罐甲醇 E305 出口温度	℃	−28
17	TI3017	H_2S 富甲醇 E305 出口温度	℃	−22.7
18	TI3018	CO_2 富甲醇 E305 出口温度	℃	−23.5
19	TI3019	贫甲醇 E308 出口温度	℃	−54.5
20	TI3020	最冷物料 P301 泵出口温度	℃	−60.6
21	TI3021	最冷物料 E308 出口温度	℃	−46

续表

序号	仪表位号	描述	单位	正常值
温度				
22	TI3023	H_2S 富甲醇 T302 塔入口温度	℃	-45.5
23	TI3024	CO_2 富甲醇 T302 塔入口温度	℃	-48
24	TI3025	CO_2 产品气 T302 塔出口温度	℃	-49.2
25	TI3026	富甲醇 T302 塔底出口温度	℃	-28.8
26	TI3027	尾气 T303 塔顶出口温度	℃	-61
27	TI3028	H_2S 富甲醇 E309 出口温度	℃	34
28	TI3029	H_2S 富甲醇 E309 出口温度	℃	86
29	TI3030	热贫甲醇 E309 出口温度	℃	41
30	TI3031	热贫甲醇 E309 出口温度	℃	-36
31	TI3032	T304 塔进料段温度	℃	98
32	TI3033	H_2S 气体 T304 塔顶出口温度	℃	89
33	TI3034	H_2S 气体 V305 罐顶出口温度	℃	46
34	TI3035	贫甲醇 E312 壳程出口温度	℃	79
35	TIC3036	T305 塔第 15 块塔板温度	℃	142.4
36	TI3037	T305 塔甲醇蒸气塔顶出口温度	℃	101.2
37	TI3038	尾气 E308 出口温度	℃	-51.3
38	TI3039	最冷物料 P301 泵入口温度	℃	-60.7
压力				
1	PI3001	变换气入口压力	MPa(G)	3.3
2	PICA3002	T301 塔顶压力	MPa(G)	3.15
3	PI3003	T302 塔塔顶压力	MPa(G)	0.17
4	PI3004	T303 塔塔顶压力	MPa(G)	0.08
5	PI3005	T304 塔顶压力	MPa(G)	0.32
6	PI3006	T305 塔顶压力	MPa(G)	0.37
7	PICA3007	V306 罐顶压力	MPa(G)	0.5
8	PI3008	P301 泵出口压力	MPa(G)	0.65
9	PI3009	P302 泵出口压力	MPa(G)	0.35
10	PI3010	P303 泵出口压力	MPa(G)	4.75
11	PI3011	P304 泵出口压力	MPa(G)	4.75
12	PI3012	P305 泵出口压力	MPa(G)	4.75
13	PI3013	P306 泵出口压力	MPa(G)	4.75
14	PDIA3016	T303 塔塔差	MPa	0.04
液位				
1	LICA3001	V301 罐液位	%	50
2	LICA3002	T301 塔底液位	%	50
3	LICA3003	T301 塔三层塔盘液位	%	50
4	LICA3004	V302 罐液位	%	30
5	LICA3005	V303 罐液位	%	30
6	LICA3006	V304 罐液位	%	50
7	LICA3007	T302 塔塔底液位	%	50
8	LICA3008	T302 塔二层塔盘液位	%	50
9	LICA3009	T302 塔一层塔盘液位	%	50
10	LICA3010	T303 塔塔底液位	%	50
11	LICA3011	T303 塔一层塔盘液位	%	50
12	LICA3012	T304 塔液位	%	50
13	LICA3013	V305 罐液位	%	50
14	LICA3014	V306 罐液位	%	50
15	LICA3015	T305 塔液位	%	50
16	LICA3016	氨冷器 E302 液位	%	50
17	LICA3017	氨冷器 E307 液位	%	50

续表

序号	仪表位号	描述	单位	正常值
液位				
18	LICA3018	氨冷器 E306 液位	%	50
在线分析				
1	AIA311	T31 塔顶净化气中 CO₂ 微量分析	mg/m³	<20

3.5.2.4　合成工段工艺参数

合成工段工艺参数见表 3-12。

表 3-12　合成工段工艺参数

序号	位号	描述	正常值	单位
流量				
1	FIC4003	压缩机 C401 防喘振流量控制	139376	m³/h
2	FIC4001	H₂、CO 混合气进料控制	14877	m³/h
3	FIC4002	H₂ 进料控制	13804	m³/h
4	PI4002	循环压缩机 C401 入口压力	154499	m³/h
压力相关				
1	PIC4004	循环气压力控制	4.9	MPa
2	PIC4005	汽包 V401 压力控制	4.3	MPa
3	PDI4001	合成塔 R401 进出口压差	5.05	MPa
4	PI4001	合成塔 R401 入口压力	5.5	t/h
5	TI4008	循环压缩机 C401 出口温度	5.5	MPa
6	TI4009	合成塔 R401 出口温度	0.15	MPa
7	PI4006	循环压缩机 C401 出口压力	4.9	MPa
8	SIC4001	蒸汽透平转速	4.9	MPa
9	AI4002	循环气中 O₂ 的含量	5.2	MPa
10	PI4003	合成塔 R401 出口压力	3.5	
液位				
1	LI4001	分离罐 V402 现场液位显示	%	50
2	LI4003	汽包 V401 现场液位显示	%	50
温度				
1	TI4001	合成塔 R401 进口温度	40	℃
2	TI4002	喷射器 X401 入口温度	250	℃
3	TI4003	汽包 V401 入口锅炉水温度	255	℃
4	TI4004	分离罐 V402 进口温度	40	℃
5	TI4005	汽包 V401 温度	42.4	℃
6	TI4006	合成塔 R401 温度	255	℃
7	TI4007	循环压缩机 C401 进口温度	0	℃

3.5.2.5　精馏工段工艺参数

精馏工段工艺参数见表 3-13。

表 3-13　精馏工段工艺参数

序号	位号	描述	正常值	单位
流量				
1	FI5001	粗甲醇进预塔的流量显示	33201	kg/h
2	FIC5002	预塔塔釜向加压塔的流量控制	35177	kg/h
3	FIC5003	预塔回流量控制	16761	kg/h
4	FIC5004	加压塔塔釜向常压塔的流量控制	22748	kg/h
5	FI5005	加压塔回流罐出甲醇流量	12527	kg/h
6	FIC5006	加压塔回流量控制	37413	kg/h
7	FI5007	常压塔回流罐出甲醇流量	13950	kg/h

续表

序号	位号	描述	正常值	单位
		流量		
8	FIC5008	常压塔回流量控制	27621	kg/h
9	FIC5009	常压塔中部去回收流量控制	658	kg/h
10	HIC5001	常压塔回流罐不凝气去火炬手操控制		
		液位		
1	LIC5001	预塔液位控制	50	%
2	LIC5002	预塔回流罐液位控制	50	%
3	LIC5003	加压塔液位控制	50	%
4	LIC5004	加压塔回流罐液位控制	50	%
5	LIC5005	常压塔液位控制	50	%
6	LIC5006	常压塔回流罐液位控制	50	%
		压力		
1	PI5001	预塔塔顶压力显示	0.03	MPa
2	PI5002	预塔塔釜压力显示	0.038	MPa
3	PIC5003	预塔压力控制	0.03	MPa
4	PI5004	预后泵出口压力显示	1.27	MPa
5	PI5005	加压塔塔顶压力显示	0.7	MPa
6	PI5006	加压塔塔釜压力显示	0.71	MPa
7	PIC5007	加压塔压力控制	0.65	MPa
8	PI5008	常压塔塔顶压力显示	0.01	MPa
9	PI5009	常压塔塔釜压力显示	0.03	MPa
10	PI5010	预塔回流泵后压力显示	0.49	MPa
11	PI5011	加压塔回流泵后压力显示	1.18	MPa
12	PI5012	常压塔回流罐压力显示	0.01	MPa
		温度		
1	TIC5001	预塔进料温度控制	72	℃
2	TI5002	预塔塔顶温度显示	73.9	℃
3	TI5003	预塔进料口温度显示	75.5	℃
4	TIC5004	预塔塔釜温度控制	77.4	℃
5	TI5005	预塔一冷出口温度显示	70	℃
6	TI5006	预塔回流进口温度显示	68.2	℃
7	TI5007	加压塔进料口温度显示	116.2	℃
8	TI5008	加压塔塔顶温度显示	128.1	℃
9	TI5009	加压塔上部温度显示	128.4	℃
10	TI5010	常压塔进料口温度显示	84	℃
11	TI5011	加压塔下部温度显示	132	℃
12	TIC5012	加压塔塔釜温度控制	134.8	℃
13	TI5013	加压塔回流入口温度显示	125	℃
14	TI5014	常压塔塔顶温度显示	66.6	℃
15	TI5015	常压塔进料口温度显示	68.3	℃
16	TI5016	常压塔下部温度显示	73.3	℃
17	TI5017	常压塔底部温度显示	107	℃
18	TI5018	常压塔回流入口温度显示	50	℃
19	TI5019	常压塔冷凝器出口温度显示	52.23	℃
20	TI5020	加压塔二冷出口温度显示	127	℃
21	TI5021	常压塔冷凝器入口温度显示	66.6	℃

第4章

抗氧防老剂4720装置运行

4.1 抗氧防老剂 4720 原料认知

抗氧剂 4720 生产的主要是在催化剂作用下有对苯二胺、丁酮、氢气三种原料。防老剂 4720 原料规格见表 4-1。

表 4-1 防老剂 4720 原料规格

原料	理化特性	危险特性	毒理特性
对苯二胺	白色至淡紫红色晶体,暴露在空气中变紫红色或深褐色;熔点 138～147℃;沸点 267℃;闪点 155.6℃,可燃;微溶于冷水,溶于热水、乙醇、乙醚、氯仿和苯,能升华,有毒	遇明火、高热可燃;与强氧化剂可发生反应;受高热分解,产生有毒的氧化氮烟气	可以引起皮肤过敏,接触性或过敏性皮炎;据统计在正常人群中,对苯二胺的致敏率为4%;在皮肤病患者中,致敏率为10%;除了过敏对于该化学物质的一大争论就是其致癌性
丁酮	无色液体,有似丙酮的气味;溶于水、乙醇、乙醚,可混溶于油类;相对密度(水＝1)0.81;熔点：－85.9℃沸点:79.6℃	易燃,其蒸气与空气可形成爆炸性混合物;遇明火、高热或与氧化剂接触,有引起燃烧爆炸的危险;其蒸气比空气重,能在较低处扩散到相当远的地方,遇明火会引着回燃。燃烧(分解)产物:一氧化碳、二氧化碳	人吸入 30g/m³,感到强烈气味和刺激;人吸入 1g/m³,略有刺激。属低毒类
氢气	无色无味气体;不溶于水,不溶于乙醇、乙醚;相对密度(水＝1)0.07(－252℃);熔点:－259.2℃;沸点:－252.8℃。	与空气混合能形成爆炸性混合物,遇热或明火即会发生爆炸;气体比空气轻,在室内使用和储存时,漏气上升滞留屋顶不易排出,遇火星会引起爆炸。氢气与氟、氯、溴等卤素会剧烈反应。燃烧(分解)产物:水	高浓度时,由于空气中氧分压降低才引起窒息;在很高的分压下,氢气可呈现出麻醉作用

4.2 产品抗氧防老剂 4720 认知

4.2.1 抗氧防老剂 4720 的性质

抗氧防老剂 4720 为红色至棕色液体,稍有毒性,是性能优良的胺类抗氧剂,在多种石油产品中起到优异的抗氧化效果,具有优异的自由基和脱硫性能。广泛应用于矿物油、加氢油、合成油和植物油等。抗氧防老剂 4720 产品规格见表 4-2。

表 4-2　抗氧防老剂 4720 产品规格

含量	≥	97%		
灰分	≤	0.3%		
甲醇不溶物	≤	0.1%		
CAS 号		101-96-2		
中文名称		N,N'-二仲丁基对苯二胺		
英文名称		N,N'-Bis(1-methylpropyl)-1,4-phenylenediamine		
分子结构式		$CH_3-CH_2-CH-NH-\bigcirc-NH-CH-CH_2-CH_3$ 带 CH_3 支链		
分子式		$C_{14}H_{24}N_2$		
分子量		220.35		
理化特性	外观与特性:红色至棕色液体,无特殊气味			
	闪点/℃:136		熔点/℃:17.8	
	沸点/℃:320		相对密度:0.94	
	饱和蒸气压 10.0mmHg/kPa:170℃		蒸发热/(kJ/mol):64.058	
	水溶性(质量分数):0.06%		稳定性:正常温度和压力下稳定	
	禁忌物:酸类、氧化剂		避免接触的条件:空气、光照	
	分解产物:一氧化碳、二氧化碳、氮氧化物、氮		危险类别:第 8.2 类碱性腐蚀品	

4.2.2　抗氧防老剂 4720 的用途

抗氧防老剂 4720 主要用作天然胶、合成胶的通用型抗氧剂,它能有效防止有机物因氧化而变质。抗氧防老剂 4720 在多种石油产品中起到优异的抗氧化效果,具有优异的自由基和脱硫性能,广泛应用于矿物油,加氢油,合成油和植物油等。典型应用如下。

4.2.2.1　汽油抗氧防胶剂

汽油抗氧防胶剂,效能远超常用的酚类抗氧剂 2,6-二叔丁基对甲基苯酚 (T-501)。汽油中的烃类,特别是烯烃、二烯烃在光、温度的影响下,会产生活泼自由基,自由基易与氧作用生成一系列氧化中间产物,经聚合作用,最后生成胶状物质沉淀。汽油中胶质含量过多时,将对发动机产生很多危害,诸如:堵塞油路、黏结进气门、增加积炭、降低功率等。为了延阻燃料的氧化,必须加抗氧剂。用于提高汽油抗氧性能的抗氧剂种类繁多。从它们的化学组成和结构看,主要有酚类、胺类、含硫化合物、含磷化合物和有机酸的金属盐等类别。国内最常用的汽油抗氧剂是 T501,然而其抗氧效果、产品质量落后于液体抗氧剂,其易挥发,抗氧效果不能持久;而且又是固体,加入油品中难以与油品混合均匀,使用起来极不方便;对于烯烃含量高的汽油,烷基化的苯二胺类汽油抗氧剂的性能较好。烷基化的苯二胺在国外众多芳胺型抗氧剂中应用范围比较广。汽油最常用的胺类抗氧剂为 N,N'-双 (1-甲基丙基)-1,4-苯二胺。另外有的抗氧剂生产厂家把 2,6-二叔丁基对甲基苯酚和 N,N'-双 (1-甲基丙基)-1,4-苯二胺在一定条件进行下调和,生产酚、胺复合型抗氧剂。有报道称酚、胺抗氧剂复配具有较好的协同作用,其抗氧性能超过它们单独使用的性能。

4.2.2.2　烯烃防胶剂

石化企业用之作为烯烃的防胶剂。石油在生产过程中,中间产物烯烃在使用储存时易聚合成胶体，影响其使用和输送，加入本品可有效防止胶体的产生。

4.2.2.3　汽油脱硫醇剂

汽油脱硫醇剂。在空气和水的存在下，N,N'-双（1-甲基丙基）-1,4-苯二胺作为催化剂，将硫醇转化成二硫化物。由于在此过程中，N,N'-双（1-甲基丙基）-1,4-苯二胺只是催化剂，而且它本身也不溶于碱，所以在经过后续的除碱操作后，仍然留在汽油中，抗氧化效率丝毫不受影响。

4.2.2.4　植物油特效抗氧剂

为使本产品发挥最佳性能，使用温度应在室温至125℃之间。用于汽油时，加入量取决于烯烃含量和储存条件，一般在 $0.001\%\sim0.005\%$。裂化汽油应在馏出口直接加入。

4.2.3　抗氧防老剂 4720 的生产方法

4.2.3.1　美国专利 U.S.2,381,015 法

利用 1mol N-仲丁基对苯二胺与 2mol 的丁酮及 27g 催化剂（CuO、Cr_2O_3、BaO）于 165℃、氢压 10.5MPa 下反应 6.5h 得 95.7% 的产品。反应方程式如下：

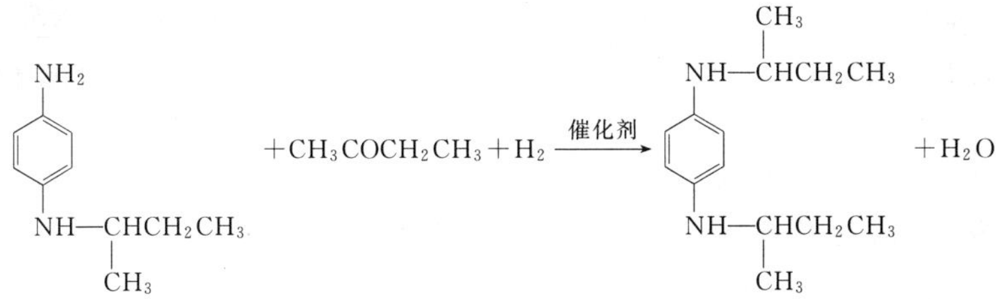

因本工艺的原料 N-仲丁基对苯二胺较难得到，且反应的温度、压力高，反应时间又长，所以不采用该工艺路线。

4.2.3.2　匈牙利专利 HU40,400 法

1 份对苯二胺与 8 份丁酮先反应生成席夫碱，该席夫碱于 190℃、5.0MPa 加氢，催化剂为含 CuO 45%、Cr_2O_3 50%、BaO 5% 的铜系催化剂，产品经分馏而得，收率 99%、纯度 99%。反应方程式如下：

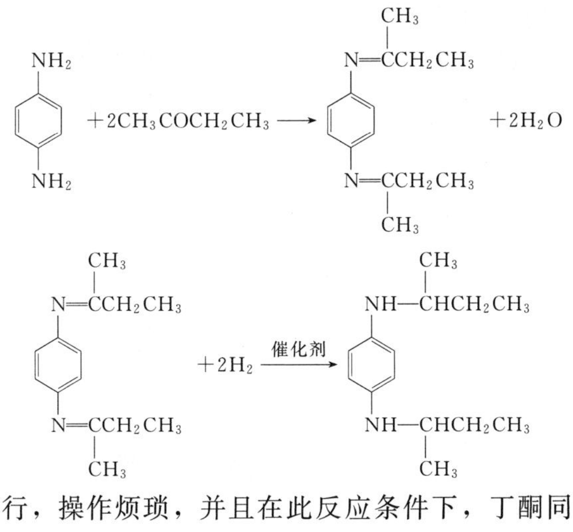

因本工艺分两步进行，操作烦琐，并且在此反应条件下，丁酮同时被加氢生成仲丁醇，

增大了丁酮的消耗，所以不采用该工艺路线。

4.2.3.3　日本专利 JP82,123,148 法

对苯二胺与氢氧化钠在熔融状态下搅拌半小时，趁热过滤。取 0.4mol 经氢氧化钠处理的对苯二胺、1.6mol 的丁酮与 5% Pd/C 催化剂加入高压釜中，于 0.5～2.5MPa 氢压、90℃下反应 2.5h，收率 97%。反应方程式如下：

$$\text{对苯二胺} + 2CH_3COCH_2CH_3 + 2H_2 \xrightarrow{\text{催化剂}} \text{产物} + 2H_2O$$

该反应的温度、压力都较低，反应时间也较短，但对苯二胺需经 NaOH 处理，操作困难，比较烦琐，不易实现工业化。

4.2.3.4　英国专利 Brit.774345 法

氧化铬、氧化铜和氧化钡的混合物为催化剂合成 403 的工艺，其中 Cr_2O_3：CuO：BaO＝10：10：1（摩尔比），丁酮：对硝基苯胺＝8：1（摩尔比），于 160℃、6.0MPa（60atm）反应。由于在该反应条件下丁酮亦被加氢而生成仲丁醇，因此必须从反应产物中分离出仲丁醇进行脱氢，生成的丁酮和氢气可再用于起始的反应。仲丁醇脱氢所用的催化剂为含铜 60%、锌 37%、铅 3% 的混合物，反应温度 420℃。

此工艺包括加氢与仲丁醇的脱氢两步反应，其反应温度、压力高，分离过程复杂，操作烦琐，所以不采用此工艺路线。

4.3　抗氧防老剂 4720 生产原理

4.3.1　抗氧防老剂 4720 的生产原理

本工艺采用加氢还原的工艺，属国内先进技术，该生产工艺对环境影响小，工业化安全可靠。产品的主要市场是在石化和炼油行业。在高压釜中，在一定的温度压力下，对苯二胺和过量的丁酮进行催化加氢反应制得 N,N'-双（1-甲基丙基）-1,4-苯二胺和水，反应物在蒸馏釜中进行简单蒸馏，分离出过量的丁酮回收后返回高压釜、少量的水集中处理，产品装桶出售。

抗氧防老剂 4720 流程框图见图 4-1。

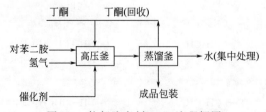

图 4-1　抗氧防老剂 4720 流程框图

抗氧防老剂 4720 生产工艺中采用 $CuO\text{-}BaO\text{-}Cr_2O_3$ 催化剂，通过对苯二胺、丁酮和氢

气加压还原制得，主反应：

$$\text{NO}_2\text{-C}_6\text{H}_4\text{-NH}_2 + 2CH_3COCH_2CH_3 + 5H_2 \xrightarrow{\text{催化剂}} \text{产物} + 4H_2O$$

副反应：

$$2\,\text{NO}_2\text{-C}_6\text{H}_4\text{-NH}_2 + 2CH_3COCH_2CH_3 + 5H_2 \xrightarrow{\text{催化剂}} \text{产物} + \text{产物} + 4H_2O$$

4.3.2　抗氧防老剂4720工艺条件

4.3.2.1　参数的控制

（1）还原釜反应压力的控制

反应釜内的压力由氢气充压至5MPa，在反应过程中，氢气不断消耗，会使得反应釜内的压力不断降低，从而影响到反应，故而在反应过程中需通过减压阀的操作调节进入反应釜内的氢气的压力，控制反应釜内的压力保持在5MPa。

（2）还原釜反应温度的控制

抗氧防老剂4720的还原烷基化反应是一个气-液-固三相催化反应的复杂过程，在反应釜中反应发生时，通过夹套内的蒸汽对反应加热，反应发生后会释放热量使得反应釜内的温度超出160℃，当反应超出160℃后，通过反应釜内的盘管向反应釜内通入循环冷凝水，控制反应温度在160℃。在反应釜内装有测温仪表，温度信号传递到安装在蒸汽管路和循环水管路的自动调节阀，自动调节阀动作，通过调节进入反应釜的蒸汽和冷凝水的流量来达到控温的目的。

4.3.2.2　影响因素

抗氧防老剂4720的生产流程较短，产品质量指标主要取决于反应工段的参数控制，本工艺中还原烷基化反应是一个气-液-固三相催化反应的复杂过程，原料的配比、催化剂的选择、反应温度和压力的确定等因素均会对反应产生极大的影响。因此，在生产流程选择完毕，工艺条件的正确确定尤为重要。

（1）催化剂的影响

在抗氧防老剂4720的制备过程中，催化剂对反应的影响至关重要，国内外生产技术的差距就在催化剂的开发程度上。本工艺中采用的为铜基系列催化剂，主催化为Cu系，助催化剂为Cr和Ca系，载体为Al_2O_3。

Cr的金属氧化物对Cu基催化剂有很好的助催化作用，一方面由于Cr的熔点与Cu接近，有助于提高铜的分散稳定性，二者在焙烧的过程中可以生成铜铬氧化物，有助于金属铜的分散；另一方面，Cr本身也有一定的催化作用，可以和Cu一起组成复合催化剂，提高催化剂的活性，从而提高铜催化胺化反应的转化率和选择性。

Ca的金属氧化物加入使催化剂表面具有了适宜对苯二胺与丁酮反应以及抗氧防老剂

4720 顺利脱附的酸强度与酸位分布,使得抗氧防老剂 4720 能够快速地脱附进入介质相,这样才能有效地防止产物发生二次反应或裂解反应,从而提高催化剂的选择性,延长催化剂使用寿命。

（2）生产原料的影响

抗氧防老剂 4720 的还原烷基化反应为二步反应,在反应过程中丁酮直接加氢生成丁醇是最主要的副反应,它是由催化剂的本身属性控制的。一般而言,尽管碳氮双键较碳氧双键更易于被加氢,但是在金属催化剂和氢气的存在下,醛、酮加氢生成相应的醇总是不可避免的。在本生产工艺中,对原料进行了分批加入的处理,先对苯二胺和丁酮混合,而后再加入催化剂和氢气,从而一定程度上减少丁酮加氢副反应的发生。

（3）反应温度的影响

温度对于催化反应的影响比较大,它的变化会在动力学和热力学过程中发挥重要作用。反应温度过低,反应速率较慢,反应转化率较低;反应温度过高,有利于吸热反应的氨基N-烷基化反应,但过高的反应温度会导致副反应的加剧,造成催化剂的选择性下降。本工艺还原烷基化反应的温度控制在 160℃。

（4）反应压力的影响

抗氧防老剂 4720 还原烷基化反应是在一定的氢气压力下进行的,反应体系的压力是影响反应进程的非常重要的因素,压力选择的好,催化反应才能表现出好的结果。对苯二胺与丁酮的反应,首先是对苯二胺与丁酮生成席夫碱,接下来席夫碱在铜催化剂作用下与氢气反应生成抗氧防老剂 4720,其反应结果与氢气压力的选择息息相关。

加氢过程是氢气分子数减少的过程,增大氢气压力有利于加氢反应进行,另外,生成的抗氧防老剂 4720 在酸性催化剂表面是强吸附,增大压力还有利于其脱附,但是压力越大,对设备的要求就越高,安全隐患也会增多;本工艺中氢气压力大利于还原反应的进行,但同时也对丁酮加氢生成丁醇产生影响。综合试验后,本工艺还原烷基化反应的压力选择在 5MPa。

4.3.3　抗氧防老剂 4720 工艺流程

抗氧防老剂 4720 生产工艺分为溶解、反应和精馏工段。

4.3.3.1　溶解工段工艺流程（工艺流程图参见附录）

来自精馏分液罐 V202 或滤液罐 V103 中的丁酮经输送泵 P201 打入配料釜 R101 中,经计量好的对苯二胺从固体加料口加入 R101 中,搅拌溶解,静置分层,一层物料用真空从上部抽出,经上层液过滤器 F101 过滤后进入中间罐 V101 中,下层物料放入下层液罐 V102,经下层液过滤器 F102 过滤后,进入滤液罐 V103 中,再经输送泵 P201 返回 R101。工艺流程框图见图 4-2。

4.3.3.2　反应工段工艺流程（工艺流程图参见附录）

中间罐 V101 中经溶解、过滤后的对苯二胺、丁酮的混合液,在真空下被吸入还原反应釜 R201 中,加入补充的新鲜丁酮及计量好的催化剂,通过氮气置换除去釜中的空气,并进一步用氢气置换,以确保反应釜 R201 中无空气存在,充 H_2 至压力 5MPa,在搅拌和加热条件下进行反应,反应温度控制在 160℃,反应初期温度由低压蒸汽控制调节,随着反应的进行,反应温度不断升高,需要由反应釜内盘管中循环冷却水来控制釜内温度,随着氢气的不断消耗,反应釜压力不断下降,反应放热量逐渐减小,需要逐渐减小循环冷却水水量,约

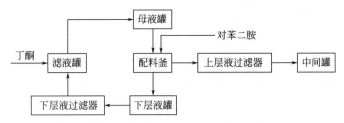

图 4-2　抗氧防老剂 4720 溶解工段工艺流程框图

反应 12h 后，循环冷却水全关情况下，反应温度、压力不再变化，取样分析合格后，再通冷却水降温度，同时打开放空阀，通入氮气置换出釜中未反应的氢气，反应结束。工艺流程框图如图 4-3 所示。

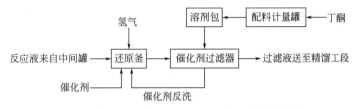

图 4-3　抗氧防老剂 4720 反应工段工艺流程框图

4.3.3.3　精馏工段工艺流程（工艺流程图参见附录）

反应合格的物料在真空下，经催化剂过滤器 F201 滤除其中悬浮催化剂后，进入精馏釜 R202 中，在真空和加热下，反应物料中未反应的丁酮作为气相，从精馏塔塔顶蒸出，经冷凝器 E201 冷凝冷却后进入分液罐 V202 中，待精馏釜温度不断升高，而冷凝器液相视镜中无液体排出后，精馏结束，停加热蒸汽，改通循环水冷却，温度降至 40℃ 以下，停真空。从精馏釜底放出产品。V202 中的丁酮返回到滤液罐 V103 中。工艺流程框图见图 4-4。

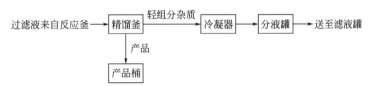

图 4-4　抗氧防老剂 4720 精馏工段工艺流程框图

4.3.4　抗氧防老剂 4720 工艺参数

4.3.4.1　溶解工段

抗氧防老剂 4720 生产工艺为间歇操作，每次加料量丁酮：785kg；对苯二胺：196kg。

配料计量槽压力：0.5MPa；配料釜：压力，0.5MPa，温度，26℃；中间罐：压力，0.5MPa，温度，50℃；下层液罐压力：0.5MPa。

4.3.4.2　反应工段

在反应工段需要加入催化剂和氢气完成还原烷基化反应，其中催化剂加入量：7.855kg。

还原反应釜：压力，5MPa，温度，160℃。

4.3.4.3　精馏工段

精馏釜：压力，−0.01MPa，塔顶温度，74.5℃；冷凝器热物流出口温度：36℃。

4.4　抗氧防老剂 4720 仿真操作

抗氧防老剂 4720 仿真操作软件的操作与均酐装置相同类似，具体操作可参考第 2 章 2.5 相关内容。

4.5　抗氧防老剂 4720 工艺模拟实操

抗氧防老剂 4720 装置模拟实操与均酐装置类似，具体操作可参考第 2 章 2.6 相关内容。

4.5.1　抗氧防老剂 4720 工艺现场主要设备

抗氧防老剂 4720 设备见表 4-3。

表 4-3　抗氧防老剂 4720 设备表

序号	设备位号	设备名称	序号	设备位号	设备名称
1	R101	配料釜	10	D202	尾气处理罐
2	R201	还原釜	11	D203	循环罐
3	R202	精馏釜	12	F101	上层液过滤器
4	V101	中间罐	13	F102	下层液过滤器
5	V102	下层滤罐	14	F201	催化剂过滤器
6	V103	滤液罐	15	T201	精馏塔
7	V201	母液罐	16	E301	冷凝器
8	V202	分液罐	17	P201	输送泵
9	D201	溶剂包	18	VP201	真空泵

4.5.2　抗氧防老剂 4720 工艺参数

抗氧防老剂 4720 仪表见表 4-4。

表 4-4　抗氧防老剂 4720 仪表

序号	仪表位号	描述	单位	正常值
1	FIC101	丁酮流量控制表	kg/h	10000
2	TIC101	V-101 温度控制表	℃	50
3	TIC201	R-201 温度控制表	℃	160
4	TIC301	R-202 温度控制表	℃	78
5	LG101	V-102 液位	%	
6	LT101	V-102 液位	%	
7	LG102	V-103 液位	%	
8	LT102	V-103 液位	%	
9	FT101	泵 P-201 去 V-101 流量	kg/h	
10	FIQ101	泵 P-201 去 R-101 流量	kg/h	
11	FQ101	秤取丁酮质量	kg	785.455
12	FQ102	加入对苯二胺质量	kg	196.364

序号	仪表位号	描述	单位	正常值
13	FQ104	催化剂加入量	kg	7.855
14	FI102	V102 出料流量	kg/h	
15	FI103	V103 出料流量	kg/h	
16	FI104	V101 去 M-101 流量	kg/h	
17	PI100	配料计量槽压力	MPa	5
18	PI101	R101 压力	MPa	
19	PE101	R101 压力	MPa	
20	PI102	V102 压力	kg/h	
21	PI103	F101 压力	MPa	
22	PI104	F102 压力	MPa	
23	PI105	V101 压力	MPa	0.5
24	LI101	V102 液位	%	
25	LI102	V103 液位	%	
26	LI103	V101 液位	%	57
27	TI102	R101 温度	℃	26
28	TE101	V101 温度	℃	50
29	FI201	V201 出液量	kg/h	
30	LI201	V201 液位	%	
31	PI201	V201 压力	MPa	
32	PI202	泵 P201 出口压力	MPa	
33	PI203	R201 压力	MPa	
34	FI301	D203 出口流量	kg/h	
35	FI302	V202 去 P201 流量	kg/h	
36	FI303	V202 去 V103 流量	kg/h	
37	FI304	E201 热物流流量	kg/h	
38	LI301	F201 滤液高度	%	
39	LI302	D203 液位	%	
40	LI303	V202 液位	%	
41	LI304	D202 液位	%	0
42	PI301	D203 压力	MPa	
43	PI302	D201 压力	MPa	
44	PI303	R202 压力	MPa	-0.01
45	PI304	V202 压力	MPa	-0.03
46	PI305	VP201 出口压力	MPa	0
47	TI302	T201 塔顶温度	℃	74.5
48	TI303	E201 热物流出口温度	℃	36

第 5 章
化工设备的认知

5.1 化工设备的选择

5.1.1 化工设备的分类

5.1.1.1 动设备和静设备

（1）静设备

没有做旋转或往复运动部件的设备，一般指反应、储存、分离、热交换等设备。如氧化反应器、换热器、缓冲罐、软水罐、水洗塔、结晶釜等；

（2）动设备

指整体或局部做旋转或往复运动的设备，如压缩机、空压机、冷冻机、搅拌机、离心机、泵等。

5.1.1.2 定型设备和非标设备

（1）定型设备

指的是由厂家直接全面提供包括设计、生产制造在内的常规设备，主要包括：泵、压缩机、制冷机等与其相对应的是非标设备例如各种压力容器、各种塔、各种聚合釜等。

（2）非标设备（或非定型设备）

指不是按照国家颁布的统一行业标准和规格制造的设备，而是根据自己的用途需要，自行设计，根据具体的设计图纸制造的设备，且外观或性能不在国家设备产品目录内的设备。主要包括：罐、槽、换热类、塔类等。

5.1.2 设备位号的认知

设备位号说明如下，主要设备代号标注见表 5-1。

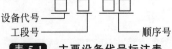

表 5-1 主要设备代号标注表

英文	简称
A-agitator/absorber	A-减震器/搅拌器

续表

英文	简称
B-blower/blender	B-鼓风机/搅拌机
C-compresssor/column	C-压缩机/圆柱形物
D-drum	D-鼓
E-heat exchanger/ejector	E-换热器/排出器
F-fan/filter	F-风扇/过滤器
H-hoist/heat exchanger	H-起重机/热交换器
K-kiln	K-干烧炉
M-mixer	M-搅拌器/混合器
P-pump	P-泵
R-reactor	R-反应器
S-strainer/scrubber	S-过滤器/洗涤器
T-tower/tank	T-塔/水槽
V-vessel	V-容器

5.1.3　化工装置生产设备的结构及作用

5.1.3.1　汽化器

作用：将液态的均四甲苯和空气混合汽化，变成混合状的气体，混合均匀后的气体有利于氧化反应。

结构：汽化混合器主要由锥形封头、栅板、填料、支座、分配器、支持圈、法兰连接组件、分布器、防爆口等零部件组成。管口和结构见图5-1。

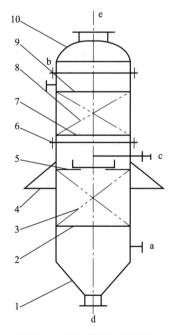

图 5-1　汽化器管口和结构

a—空气进口；b—混合气进口；c—均四甲苯进口；d—放净口；e—爆破口；

1—锥形封头；2—栅板；3—填料；4—支座；5—分配器支撑圈；

6—法兰连接组件；7—栅板；8—填料；9—填料支撑；10—封头

工作原理：固态的均四甲苯经过液化后由输送机械输送到汽化器中。在汽化器中，液态的均四甲苯与热空气接触，发生传热过程，热空气将均四甲苯汽化，最终变为空气与均四甲苯的混合气体，该混合气体再进入到氧化反应器进行氧化反应。汽化器内装有填料，填料可以增加均四甲苯与空气的接触时间以及接触面积。

5.1.3.2　氧化反应器

作用：均四甲苯与空气混合气在氧化反应管内催化剂的作用下，反应生成均酐及副产物、完全氧化产物二氧化碳、水。

结构：氧化反应器主要由平板封头、管箱、法兰、连接螺栓、密封垫、拉杆、定距管、支座、波形膨胀节、换热管等组成。管口和结构见图5-2。

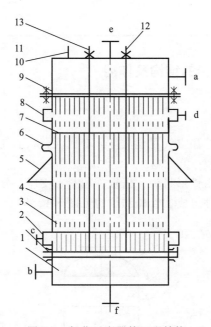

图5-2　氧化反应器管口和结构

a—反应气进口；b—反应气出口；c—熔盐进口；d—熔盐出口；e，f—防爆检查口
1—带平板封头的管箱；2—螺栓连接组件；3—熔盐出口分布环；4—列管；5—筒体；6—支座；7—膨胀节；
8—上分布板；9—上分布环；10—法兰；11—吊环；12—熔盐测温管；13—反应气测温管

工作原理：在汽化混合器中，均四甲苯与热空气均匀混合汽化后由氧化反应器的上部进入。氧化反应器为列管式固定床反应器，共有709根列管，其中706根列管内均匀填装催化剂。均四甲苯与空气混合物在氧化反应管内催化剂的作用下，反应生成均酐、副产物及完全氧化产物二氧化碳、水。列管外有熔盐循环。该熔盐有两个作用，在氧化工段冷态开车时，熔盐用来加热氧化反应器，使氧化反应器达到氧化反应需要的温度；等到氧化反应开始后，会释放大量的热，此时熔盐循环带走热量。熔盐在熔盐槽中由电热棒加热、控温，经熔盐液下泵进入反应器下部，经分配后进入管间，由反应器上部经熔盐冷却器管间返回熔盐槽。在反应过程中始终保持熔盐循环。氧化反应产生的多余热量在熔盐冷却器中与通入的冷空气换热降温后返回熔盐槽。

5.1.3.3　热管换热器

作用：从第一、第二换热器出来的均酐反应气的温度高难以结晶，所以其作用是再降低均酐反应气的温度。

结构：由箱体、箱盖、热管、分布板和管法兰等零部件组成，见图 5-3。

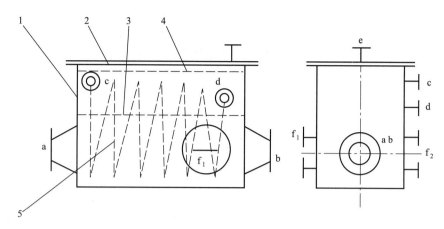

图 5-3　热管换热器管口和结构

a—反应气进口；b—反应气出口；c—软水进口；d—软水出口；e—蒸发出口；f_1，f_2—手孔

1—箱体；2—箱盖；3—管板；4—分布板；5—热管

工作原理：热管是一根直立放置、两端密封的钢管，其管内充装了特定的制冷液体介质（本厂热管内充装纯水），紧靠管内壁处装有金属丝网等多孔物质的吸液芯。每根热管均为一个相对独立的换热单元，其沿管长分为三段，即蒸发段（热端）、绝热中间段和冷凝段（冷端）。热管的外壁上装有螺旋形翅片，以强化其传热效果。当热流体从热管的下半管段热端流过时，热量通过管壁和吸液芯传给制冷液体介质，使其蒸发汽化，蒸气则沿管内上升至上半管段，并在上半管段冷端释放出冷凝潜热而被冷流体冷凝，冷凝液在重力和吸液芯的毛细作用下，又流回到下半管段的热端，重新吸热蒸发，由此形成一个工作循环。热管换热器是由一组热管组合成的箱形部件，其间用隔板分为冷、热两个流体通道。从换热器出来的均酐反应气再经热管换热器进一步降温后依次进入第一、二、三、四捕集器，热管换热器冷却端的冷却介质为软水，水被加热汽化后放空。

5.1.3.4　第一、 第二换热器

作用：降低从换热器出来的均酐反应气的温度，加热空气温度。

结构：主要由平板封头、管箱、法兰、连接螺栓、密封垫、拉杆、定距管、支座、波形膨胀节、换热管等零部件组成，见图 5-4。

工作原理：从氧化反应器来的反应气温度较高，无法直接进入捕集器凝华，需要进行降温，先经过第一、二换热器的管程与壳程空气换热降温，再经热管换热器进一步降温后依次进入第一、二、三、四捕集器捕集。反应气在第一、二换热器内与空气换热既可以降低温度为捕集做准备，又可以将空气加热，有利于热空气进入汽化器与均四甲苯混合汽化。

5.1.3.5　熔盐冷却器

作用：将从氧化反应器里出来的高温熔盐冷却至循环温度。

结构：为一带膨胀节的固定管板式列管式换热器，其结构主要由管箱、法兰、筒体、膨胀节、等组成。熔盐走的壳程、空气走的管程，高温的熔盐和空气通过管壁进行换热。见图 5-5。

工作原理：均四甲苯在氧化反应器发生反应后发出大量的热，需要熔盐将其移走。熔盐来自熔盐槽，由电热棒加热、控温，经熔盐泵进入反应器下部，经分配后进入反应器。移走

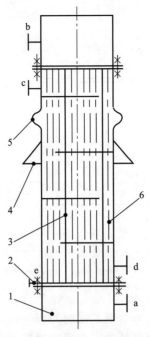

图 5-4　第一、第二换热器管口和结构

a—反应气进口；b—反应气出口；c—空气进口；d—空气出口；e—放净口
1—管箱；2—螺栓连接组件；3—拉杆；4—支座；5—膨胀节；6—换热管

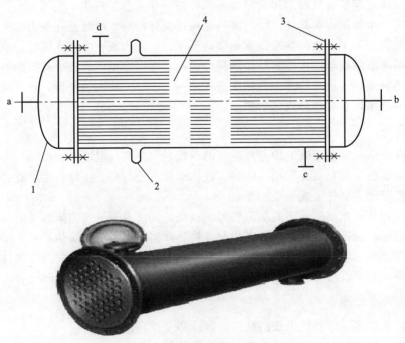

图 5-5　熔盐冷却器管口和结构

a—空气进口；b—空气出口；c—熔盐进口；d—熔盐出口
1—封头；2—膨胀节；3—法兰；4—列管

热量后，熔盐进入熔盐冷却器和冷空气换热后，再回到熔盐槽。在反应过程中，熔盐始终保持循环状态。

5.1.3.6　第一、 二、 三捕集器

作用：均酐反应气在捕集器中发生凝华作用，由气态结晶为固态。

结构：第一、二、三捕集器的结构基本相同，它们由筒体、球形封头、管板、列管和支持环等组成，结构形式是列管式捕集器。见图 5-6。

工作原理：利用换热器的工作原理，管内通过均酐反应气，管外经过空气，通过管壁进行换热。进入捕集器的反应气体与壳程的空气换热降温后凝华生成固体粗产品，均酐反应气在捕集器中经过进一步冷却、逐步结晶，气态的均酐凝华变成了固态，结晶在捕集器的底部，随着温度的降低，第一、二、三捕集器中结晶的粗酐的量和纯度则不同，越是向后结晶的量和纯度就越低。第一、二、三捕集器有两套六台设备，交替工作。当一套在工作时另一套在出料，保证生产的连续性。

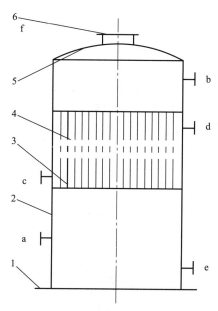

图 5-6　捕集器管口和结构

a—反应气入口；b—反应气出口；c—空气出口；d—空气入口；e—出料口；f—人孔

1—平底；2—筒体；3—管板；4—列管；5—封头；6—人孔

5.1.3.7　第四捕集器

作用：经过第一、二、三捕集器凝华后，均酐反应气里仍有少量均酐及副产物在此结晶。

结构：第四捕集器为隔板折流式，其结构较为简单，由底板、筒体、吊块、封头、人孔、出料孔等组成。见图 5-7。

工作原理：利用流体的拆流作用，使得气相中的固态物质降结在底部。进入捕集器的反应气体与壳程的空气换热降温后凝华生成固体粗产品，第四捕集器中的粗酐的量最少。捕集器为二列切换操作，一列捕集，另一列冷却后出料备用。

5.1.3.8　水洗塔

作用：对从第四捕集器出来的氧化反应尾气进行净化处理，以达到环保要求。

结构：水洗塔为（三层）湍球吸收塔，其结构主要由以下零部件组成。裙座、封头、法兰连接组件、支持环、栅板组件、填料、手孔、进水口喷头、旋流板组件、塔节组合件、烟

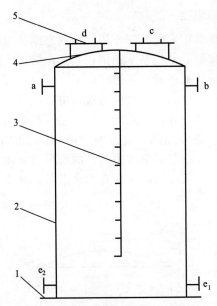

图 5-7 第四捕集器管口和结构

a—反应气入口；b—反应气出口；c—人孔；d—人孔；e_1，e_2—出料口

1—底板；2—筒体；3—隔板吊块；4—封头；5—人孔

囱组件等组成，见图5-8。

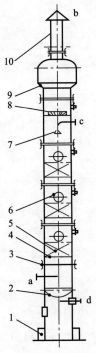

图 5-8 三层湍球水洗塔管口和结构

a—进气口；b—出气口；c—进水口；d—出水口

1—裙座；2—封头；3—法兰；4—支持环，栅板组合件；5—填料；6—手孔；7—蓬头；

8—旋流板组合件；9—塔节组合件；10—烟冲组合件

工作原理：从第四捕集器中出来的气体中还有少量的均酐气体和副产物，为了降低排放标准，保护环境，必须对尾气进行净化处理。水洗塔内装有聚乙烯小球，一方面尾气中的酸性气体溶于水中，另一方面不溶的有机物结晶在小球上，经过处理的尾气可达标排放。当小球上的结晶物累积到一点程度（6 个月左右），会影响到吸收塔的流体力学性能，需要把小球从手孔中取出清洗。

5.1.3.9　JX 型柱塞式计量泵

作用：用于氧化工段将液态的均四甲苯输送至汽化混合器中。

结构：计量泵主要由原动机、传动机构、流量调节机构和泵头四个基本部件组成。见图 5-9。

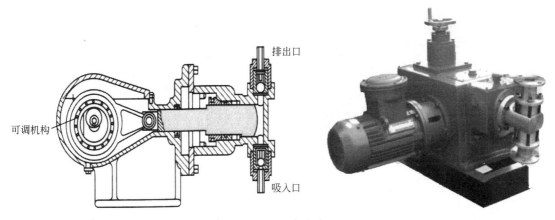

排出口

可调机构

吸入口

图 5-9　JX 型柱塞式计量泵

工作原理：进入到气化混合器中的均四甲苯量需要准确地控制，基于此原因，采用计量泵进行输送。计量泵也是一种往复泵，只不过它用电动机带动偏心轮实现柱塞的往复运动，而偏心轮的偏心度可以调整，柱塞的冲程就发生变化，以此来实现准确的流量调节。主要应用在一些要求精确地输送液体的场合；或分别调节多缸计量泵中每个活塞的行程来实现将几种液体按精确的比例输送，如化学反应器中几种物料的投放。

5.1.3.10　罗茨鼓风机

作用：输送空气，为氧化工段提空气及冷却介质。

结构：罗茨鼓风机主要由叶轮和机壳两个大部分组成。叶轮是镶嵌在两根叶轮轴上面，叶轮轴由一根主动轴和一根从动轴组成，每一根叶轮轴有一个叶轮。叶轮是靠精密的数控刨床加工而成，两个叶轮之间保持着一定的距离，但是互不碰撞。叶轮与机壳间也存着一定的距离，从而转动压缩产生出清洁的空气。

工作原理：在均酐生产的氧化工段，氧化反应需要空气作为原料，反应气和熔盐需要空气作为冷却介质进行换热。所以，空气的使用在氧化工段十分重要，需求量非常大。采用罗茨鼓风机作为输送机械，对氧化工段需要的空气进行输送。罗茨鼓风机是一种容积型气体动力机械。如图 5-10 所示，在机壳与墙板合围而成的气缸中，平行地配置一对能相互啮合但又保持固定啮合间隙的叶轮（转子），将机壳上的进气口与排气口分开，并由同步齿轮传动做反向等速旋转，把叶轮型面与气缸壁所形成的工作容积 V（或称基元容积）中的气体，无内压缩地从进气口推移到排气口，由排气侧的高压气体回流实现定容积压缩而达到升压或强制排气的目的。

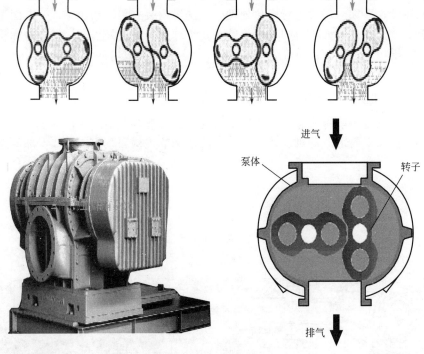

图 5-10   罗茨鼓风机

5.1.3.11   液下泵

作用：用于氧化工段和水解工段输送流体。

结构：FY 型耐腐蚀液下泵为单级单吸离心泵。液下泵主要由泵体、泵盖、叶轮、轴、轴承盒、联轴器、接管及出液管等部件组成。见图 5-11。

工作原理：FY 型液下泵电机在泵的上方，通过联轴器将电机轴与水泵轴直接相连。液下泵进水口在下方，出水口在上方。工作时，液体通过底部导流座进入筒体内，经过叶轮高速旋转的作用，增加液体的动能和势能由此多级循环下去，液体势能不断增加，出口压力也随之增加，最后通过出水口排出。液下泵广泛用于石油、化工、冶金、合成纤维、轻工、医药、食品加工等行业，用于输送不含固体悬浮颗粒、有腐蚀性的液体。由于泵浸在液体中工作，具有自吸能力，故无需灌泵即可抽吸液体，可随意开、停车，使用十分方便。

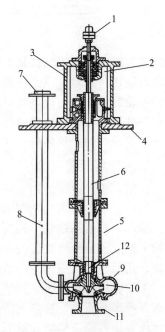

图 5-11   FY 型液下泵结构

1—联轴器；2—轴承盒；3—下支架；
4—安装盘；5—支撑管；6—轴；
7—出口法兰；8—出液管；9—泵体；
10—叶轮；11—泵盖；12—轴套

5.1.3.12   离心泵

作用：提升液体，输送液体或使液体增加压力，把原动机的机械能变为液体能量的一种机器。

工作原理：其主要工作部件是旋转叶轮和固定的泵壳。

叶轮是离心泵直接对液体做功的部件，其上有若干后弯叶片，一般为 4～8 片。离心泵工作时，叶轮由电机驱动做高速旋转运动（1000～3000r/min），迫使叶片间的液体也随之做旋转运动。同时因离心力的作用，使液体由叶轮中心向外缘做径向运动。液体在流经叶轮的运动过程获得能量，并以高速离开叶轮外缘进入蜗形泵壳。在蜗壳内，由于流道的逐渐扩大而减速，又将部分动能转化为静压能，达到较高的压强，最后沿切向流入压出管道。在液体受压由叶轮中心流向外缘的同时，在叶轮中心处形成真空。泵的吸入管路一端与叶轮中心处相通，另一端则浸没在输送的液体内，在液面压力（常为大气压）与泵内压力（负压）的压差作用下，液体经吸入管路进入泵内，只要叶轮转动不停，离心泵便不断地吸入和排出液体。离心泵若在启动前未充满液体，则泵内存在空气，由于空气密度很小，所产生的离心力也很小。吸入口处所形成的真空不足以将液体吸入泵内，虽启动离心泵，但不能输送液体，此现象称为"气缚"。所以离心泵启动前必须向壳体内灌满液体，在吸入管底部安装带滤网的底阀。底阀为止逆阀，防止启动前灌入的液体从泵内漏失。滤网防止固体物质进入泵内。靠近泵出口处的压出管道上装有调节阀，供调节流量时使用。

　　离心泵装置简图、IS 单级单吸泵结构、D 型多级离心泵、双吸泵见图 5-12～图 5-15，离心泵的分类方式、类型、特点见表 5-2。

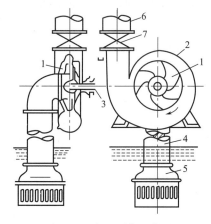

图 5-12　离心泵装置简图

1—叶轮；2—泵壳；3—泵轴；4—吸入管；
5—底阀；6—压出管；7—出口阀

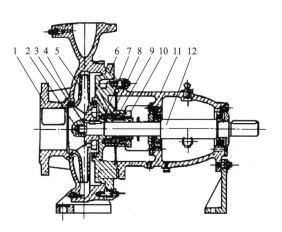

图 5-13　IS 单级单吸泵结构

1—泵体；2—叶轮螺母；3—止动垫圈；4—密封环；
5—叶轮；6—泵盖；7—轴套；8—填料压盖；
9—填料；10—填料环；11—悬架轴承部件；12—轴

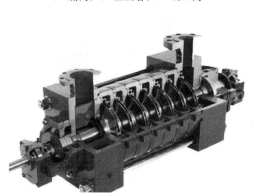

图 5-14　D 型多级离心泵

图 5-15　双吸泵

表 5-2　离心泵的分类方式、类型、特点一览表

分类方式	类型	离心泵的特点
按吸入方式	单吸泵	液体从一侧流入叶轮,存在轴向力
	双吸泵	液体从两侧流入叶轮,不存在轴向力,泵的流量几乎比单吸泵增加一倍
按级数	单级泵	泵轴上只有一个叶轮
	多级泵	同一根泵轴上装两个或多个叶轮,液体依次流过每级叶轮,级数越多,扬程越高
按泵轴方位	卧式泵	轴水平放置
	立式泵	轴垂直于水平面
按壳体型式	分段式泵	壳体按与轴垂直的平面部分,节段与节段之间用长螺栓连接
	中开式泵	壳体在通过轴心线的平面上剖分
	蜗壳泵	装有螺旋形压水室的离心泵,如常用的端吸式悬臂离心泵
	透平式泵	装有导叶式压水室的离心泵
特殊结构	管道泵	泵作为管路一部分,安装时无需改变管路
	潜水泵	泵和电动机制成一体浸入水中
	液下泵	泵体浸入液体中
	屏蔽泵	叶轮与电动机转子联为一体,并在同一个密封壳体内,不需采用密封结构,属于无泄漏泵
	磁力泵	除进、出口外,泵体全封闭,泵与电动机的联结采用磁钢互吸而驱动
	自吸式泵	泵启动时无需灌液
	高速泵	由增速箱使泵轴转速增加,一般转速可达 10000r/min 以上,也可称部分流泵或切线增压泵
	立式筒型泵	进出口接管在上部同一高度上,有内、外两层壳体,内壳体由转子、导叶等组成,外壳体为进口导流通道,液体从下部吸入

5.1.3.13　往复泵

作用:输送物料,一般为液体。

结构:往复泵通常由两个基本部分组成,一端是实现机械能转换成压力能,并直接输送液体的部分,称液缸部分或液力端;另一端是动力和传动部分,称动力端。往复泵的液力端由活塞、缸体(泵缸)、吸入阀、排出阀等组成。传动端主要有曲轴、连杆、十字头等组成。活塞(或柱塞)的往复运动是通过曲柄连杆机构来实现。结构组成如图 5-16 所示。

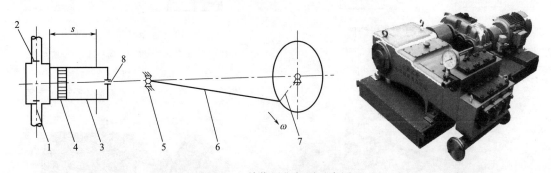

图 5-16　单作用往复泵示意图

1—吸入阀;2—排出阀;3—腔体;4—活塞;5—十字头;6—连杆;7—曲轴;8—填料函

5.1.3.14　回转泵

回转泵同往复泵一样,属于容积式泵,不同于往复泵的是该泵中无阀门等部件,仅有的活动部分为泵壳内旋转的转子。它是依靠转子的旋转作用,进行吸入和排出液体。回转泵的结构形式较多,化工生产中最常见的有齿轮泵、螺杆泵、水环式真空泵。

（1）齿轮泵

齿轮泵是依靠两个相互啮合的齿轮，在啮合过程中工作容积的变化来输送液体。如图5-17所示，工作容积由泵体、侧盖及齿的各齿间槽构成，啮合齿 A、B、C 将此工作容积分成吸入腔和排出腔。当一对齿轮按图5-17所示方向转动时，位于吸入腔的 C 齿逐渐退出啮合，使吸入腔容积逐渐增大，压力降低，液体沿管道进入吸入腔，并充满齿间容积；随着齿轮的转动，进入齿间的液体分两路被带到排出腔，由于齿的啮合，占据了齿间容积，使排出腔容积变小，液体被排出。因此，齿轮泵是一种容积式泵。

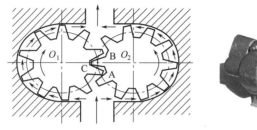

图 5-17　齿轮泵示意图

（2）螺杆泵

螺杆泵是利用互相啮合的一根或数根螺杆来输送液体的容积式转子泵，如图5-18所示。它依靠螺杆相互啮合空间的容积变化来输送液体，运转时，螺杆一边旋转一边啮合，液体便被一个或几个螺杆上的螺旋槽带动，沿轴向排出。螺杆泵的主要优点是结构紧凑、流量及压力基本无脉动、运转平稳、寿命长、效率高，适用的液体种类和黏度范围广。缺点是制造加工要求高，工作特性对黏度变化比较敏感。

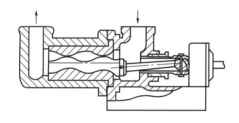

图 5-18　螺杆泵示意图

（3）水环式真空泵

水环式真空泵是液环泵的一种。所谓液环泵，是在工作时，液体在泵内形成液环，即与泵体同心的圆环，并通过此液环完成能量的转换以形成真空或产生压力的泵。在一般情况下，能量转换的介质是水。水环泵中液体随叶轮而旋转，小室容积做周期性变化，水环泵就是靠这种容积的变化来吸气和排气的，故水环泵也属容积型泵，见图5-19。

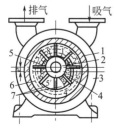

图 5-19　水环式真空泵示意图

1—泵壳；2—叶轮；3—端盖；4—吸入孔；5—排出孔；6—液环；7—工作室

5.1.3.15　流体动力泵

　　如图 5-20 所示为喷射泵的结构图。工作流体（蒸汽或液体）以高速度自喷嘴喷出，将混合室前的气体带出，形成一定的真空而产生抽吸作用。被吸入的液体从吸入口真空室进入混合室后，与工作流体混合经扩大器排出。这种泵的工作原理是基于高速运动的流体产生负压的现象而设计出来的。

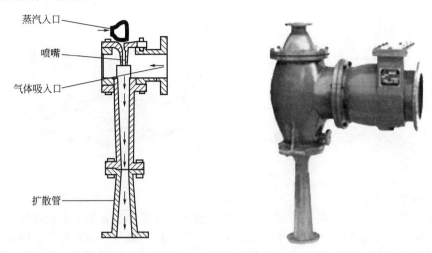

图 5-20　喷射泵示意图

　　喷射泵的优点：结构简单、尺寸小、重量轻、价格便宜；便于就地加工，安装容易，维修简单；无运动部件，启闭方便，当吸水口完全露出水面后，断流后无危险；可以抽送污泥或其他含颗粒液体；可以与离心泵联合串联工作从大口井或深井中取水。缺点是效率较低。

5.1.3.16　沉浸式蛇管换热器

　　作用：用于储槽内的物料换热。

　　结构：蛇管换热器结构简单，由换热管绕制成与容器相适应的形状，如图 5-21 所示。

　　工作原理：在氧化工段和水解工段需要对储槽内的物料加热或保温，采用蛇管沉浸式蛇管换热器置于储槽内，蛇管内通入水蒸气进行换热。该换热器的优点是：结构简单，价格低廉，能承受高压，可用耐腐蚀材料制造。缺点是：管外容器内的流体湍流程度差，给热系数小，平均温度差也较低。主要适用于反应器内的传热，高压以及强腐蚀流体的传热。

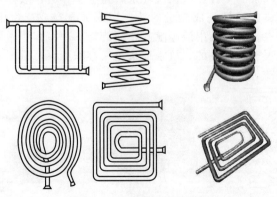

图 5-21　沉浸式蛇管换热器

5.1.3.17　水解釜、结晶釜

作用：用作水解工段均酐的水解和水解液的结晶使用。

结构：典型的间歇式反应釜，由罐体、夹套、搅拌桨、传动装置等组成，内部为搪瓷材料（图5-22）。

工作原理：水解工段需要将氧化工段得到的粗均酐水解，粗均酐先加到水解釜内水解成均苯四甲酸，水解釜外的夹套内通水蒸气提供水解温度；然后水解液到结晶釜结晶为粗均苯四甲酸产品，采用溶液冷却结晶的方法，结晶釜的夹套内通循环冷却水以降低到结晶温度。

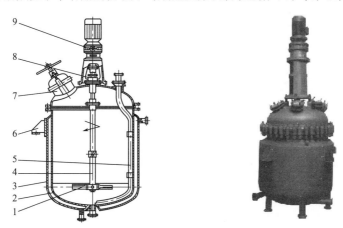

图 5-22　水解釜、结晶釜

1—搅拌器；2—罐体；3—夹套；4—搅拌轴；5—压出管；
6—支座；7—加料口；8—轴封；9—传动装置

5.1.3.18　干燥设备

作用：将水解工段的均苯四甲酸粗产品脱去表面附着的水，得到均苯四甲酸产品。

（1）双锥回转真空干燥机

结构：由椎体、夹套、密封装置等构成，见图5-23。

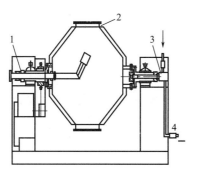

图 5-23　双锥回转真空干燥机

1—机械密封；2—旋转接头；3—蒸汽进口；4—冷凝水出口

工作原理：真空干燥是一种间歇式操作装置，通过夹套内蒸汽加热，在一定真空度和一定温度条件下，粗均苯四甲酸在真空圆锥体内靠筒身的转动，不断翻滚物料，湿物料吸热后蒸发的水汽通过真空系统（泵）抽出筒外，从而达到物料的干燥。

（2）气流（闪蒸）干燥设备

结构：由送风机、引风机、干燥器、旋风分离器、布袋除尘器等组成，见图5-24。

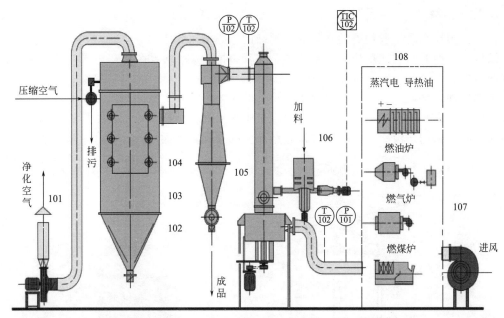

图 5-24   气流干燥设备

101—引风机；102—脉冲布袋除尘器；103—关风机；104—高效旋风分离器；105—闪蒸干燥器；
106—加料器；107—引风机；108—加热装置（电、气、汽、煤）

工作原理：粗均苯四甲酸采用气流干燥，利用高速流动的热空气，使物料悬浮于空气中，在气力输送状态下完成干燥过程。操作时，热空气由风机送入气流管下部，以 2040m/s 的速度向上流动，湿物料由加料器加入，悬浮在高速气流中，并与热空气一起向上流动，由于物料与空气的接触非常充分，且两者都处于运动状态，因此，气固之间的传热和传质系数都很大，使物料中的水分很快被除去。被干燥后的物料和废气一起进入气流管出口处的旋风分离器，废气由分离器的升气管上部排出，干燥产品则由分离器的下部出料口引出。

5.1.3.19   工艺烧嘴

作用：用于煤制甲醇工段主要进料使用。

工作原理：德士古工艺烧嘴为同心三套管式结构，如图 5-25 所示。中心管导入 15% 左右的氧气，内环隙导入水煤浆，外环隙导入其余的氧气，根据煤浆的性质及工艺条件的需要调节两股氧气的比例，促进氧气和碳的反应。烧嘴头部见图 5-25。中心氧管的出口缩口，对中心氧进行加速，其端面与煤浆管口间形成一个水煤浆和中心氧的预混合腔，利用中心氧对水煤浆进行稀释和初加速。水煤浆的出口也呈缩口状，使出预混合腔的水煤浆具备一定的速度。外氧管口与煤浆管口的间隙很小，氧气流速更高，使出口水煤浆良好的雾化，在气化炉内达到良好的气化反应效果。

烧嘴头部伸入气化炉内，温度可达 1000℃，所以头部设有冷却水盘管，以降低头部温度，延长烧嘴寿命。

5.1.3.20   气化炉

作用：煤制甲醇工段主要反应设备，在约 4.0MPa、1200℃ 条件下进行气化反应。

工作原理：水煤浆和氧气在工艺烧嘴中充分混合雾化后进入气化炉的燃烧室中，生成以 CO 和 H_2 为有效成分的粗煤气。粗煤气和熔融态灰渣一起向下，经过均匀分布激冷水的激冷环沿下降管进入激冷室的水浴中。大部分的熔渣经冷却固化后，落入激冷室底部。粗煤气

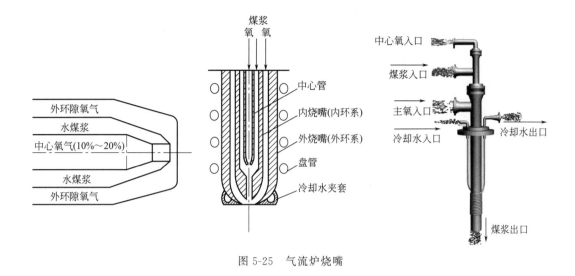

图 5-25　气流炉烧嘴

从下降管和导气管的环隙上升，出激冷室去洗涤塔，气化炉如图 5-26 所示。

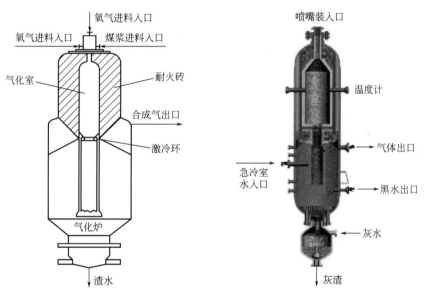

图 5-26　气化炉

5.2　化工设备维护与检修

5.2.1　化工设备的日常维护保养

　　化工生产设备的维护保养是通过擦拭、清扫、润滑、调整等一般方法对设备进行护理，以维持和保护设备的性能和技术状况，称为设备维护保养。

　　设备维护保养的要求主要有以下四项。

（1）清洁

设备内外整洁，各滑动面、丝杠、齿条、齿轮箱、油孔等处无油污，各部位不漏油、不漏气，设备周围的切屑、杂物、脏物要清扫干净。

（2）整齐

工具、附件、工件（产品）要放置整齐，管道、线路要有条理。

（3）润滑良好

按时加油或换油，不断油，无干摩现象，油压正常，油标明亮，油路畅通，油质符合要求，油枪、油杯、油毡清洁。

（4）安全

遵守安全操作规程，不超负荷使用设备，设备的安全防护装置齐全可靠，及时消除不安全因素。

设备的维护保养内容一般包括日常维护、定期维护、定期检查和精度检查，设备润滑和冷却系统维护也是设备维护保养的一个重要内容。

设备的日常维护保养是设备维护的基础工作，必须做到制度化和规范化。对设备的定期维护保养工作要制定工作定额和物资消耗定额，并按定额进行考核，设备定期维护保养工作应纳入车间承包责任制的考核内容。设备定期检查是一项有计划的预防性检查，检查的手段除人的感官以外，还要有一定的检查工具和仪器，按定期检查卡执行，定期检查又称为定期点检。对机械设备还应进行精度检查，以确定设备实际精度的优劣程度。

设备维护应按维护规程进行。设备维护规程是对设备日常维护方面的要求和规定，坚持执行设备维护规程，可以延长设备使用寿命，保证安全、舒适的工作环境。其主要内容如下。

① 设备要达到整齐、清洁、坚固、润滑、防腐、安全等的作业内容、作业方法、使用的工器具及材料、达到的标准及注意事项；

② 日常检查维护及定期检查的部位、方法和标准；

③ 检查和评定操作工人维护设备程度的内容和方法等。

5.2.2　设备的三级保养制度

三级保养制度是我国 20 世纪 60 年代中期开始，在总结苏联计划预修制在我国实践的基础上，逐步完善和发展起来的一种保养修理制，它体现了我国设备维修管理的重心由修理向保养的转变，反映了我国设备维修管理的进步和以预防为主的维修管理方针更加明确。三级保养制内容包括：设备的日常维护保养、一级保养和二级保养。三级保养制是以操作者为主对设备进行以保为主、保修并重的强制性维修制度。三级保养制是依靠群众、充分发挥群众的积极性，实行群管群修，专群结合，搞好设备维护保养的有效办法。

5.2.2.1　设备的日常维护保养

设备的日常维护保养，一般有日保养和周保养，又称日例保和周例保。

（1）日例保

日例保由设备操作工人当班进行，认真做到班前四件事、班中五注意和班后四件事。

① 班前四件事。消化图样资料，检查交接班记录；擦拭设备，按规定润滑加油；检查手柄位置和手动运转部位是否正确、灵活，安全装置是否可靠；低速运转检查传动是否正

常，润滑、冷却是否畅通。

② 班中五注意。注意运转声音；注意设备的温度、压力、液位；注意电气、液压、气压系统；注意仪表信号；注意安全保险是否正常。

③ 班后四件事。关闭开关，所有手柄放到零位；清除铁屑、脏物，擦净设备导轨面和滑动面上的油污，并加油；清扫工作场地，整理附件、工具；填写交接班记录和运转台时记录，办理交接班手续。

（2）周例保

周例保由设备操作工人在每周末进行，保养时间为：一般设备 2h，精、大、稀设备 4h。

① 外观。擦净设备导轨、各传动部位及外露部分，清扫工作场地。达到内外洁净无死角、无锈蚀，周围环境整洁。

② 操纵传动。检查各部位的技术状况，紧固松动部位，调整配合间隙。检查互锁、保险装置。达到传动声音正常、安全可靠。

③ 液压润滑。清洗油线、防尘毡、滤油器，油箱添加油或换油。检查液压系统，达到油质清洁，油路畅通，无渗漏，无研伤。

④ 电气系统。擦拭电动机、蛇皮管表面，检查绝缘、接地，达到完整、清洁、可靠。

5.2.2.2　一级保养

一级保养是以操作工人为主，维修工人协助，按计划对设备局部拆卸和检查，清洗规定的部位，疏通油路、管道，更换或清洗油线、毛毡、滤油器，调整设备各部位的配合间隙，紧固设备的各个部位。一级保养所用时间为 4~8h。

一级保养完成后应做记录并注明尚未清除的缺陷，车间机械员组织验收。一级保养的范围应是企业全部在用设备，对重点设备应严格执行。一级保养的主要目的是减少设备磨损，消除隐患、延长设备使用寿命，为完成到下次一保期间的生产任务在设备方面提供保障。

5.2.2.3　二级保养

二级保养是以维修工人为主，操作工人参加来完成。二级保养列入设备的检修计划，对设备进行部分解体检查和修理，更换或修复磨损件，清洗、换油、检查修理电气部分，使设备的技术状况全面达到规定设备完好标准的要求。二级保养所用时间为 7 天左右。

二级保养完成后，维修工人应详细填写检修记录，由车间机械员和操作者验收，验收单交设备动力科存档。二级保养的主要目的是使设备达到完好标准，提高和巩固设备完好率，延长大修周期。

5.2.2.4　三级保养制

实行"三级保养制"，必须使操作工人对设备做到"三好""四会""四项要求"并遵守"五项纪律"。三级保养制突出了维护保养在设备管理与计划检修工作中的地位，把对操作工人"三好""四会"的要求更加具体化，提高了操作工人维护设备的知识和技能。三级保养制突破了苏联计划预修制的有关规定，改进了计划预修制中的一些缺点、更切合实际。在三级保养制的推行中还学习吸收了军队管理武器的一些做法，并强调了群管群修。三级保养制在我国企业取得了好的效果和经验，由于三级保养制的贯彻实施，有效地提高了企业设备的完好率，降低了设备事故率，延长了设备大修理周期、降低了设备大修理费用，取得了较好的技术经济效果。

5.2.3　精、大、稀设备的使用维护要求

5.2.3.1　四定工作

① 定使用人员。按定人定机制度，精、大、稀设备操作工人应选择本工种中责任心强、

技术水平高和实践经验丰富者，并尽可能保持较长时间的相对稳定。

②定检修人员。精、大、稀设备较多的企业，根据本企业条件，可组织精、大、稀设备专业维修或修理组，专门负责对精、大、稀设备的检查、精度调整、维护、修理。

③定操作规程。精、大、稀设备应分机型逐台编制操作规程，加以显示并严格执行。

④定备品配件。根据各种精、大、稀设备在企业生产中的作用及备件来源情况，确定储备定额，并优先解决。

5.2.3.2　精密设备使用维护要求

①必须严格按说明书规定安装设备。

②对环境有特殊要求的设备（恒温、恒湿、防震、防尘）企业应采取相应措施，确保设备精度性能。

③设备在日常维护保养中，不许拆卸零部件，发现异常立即停车，不允许带病运转。

④严格执行设备说明书规定的切削规范，只允许按直接用途进行零件精加工。加工余量应尽可能小。加工铸件时，毛坯面应预先喷砂或涂漆。

⑤非工作时间应加护罩，长时间停歇，应定期进行擦拭，润滑、空运转。

⑥附件和专用工具应有专用柜架搁置，保持清洁，防止研伤，不得外借。

5.2.4　动力设备的使用维护要求

5.2.4.1　动力设备的使用与维护要求

动力设备是企业的关键设备，在运行中有高温、高压、易燃、有毒等危险因素，是保证安全生产的要害部位，为做到安全连续稳定供应生产上所需的动能，对动力设备的使用维护应有特殊要求如下。

①运行操作人员必须事先培训并经过考试合格。

②必须有完整的技术资料、安全运行技术规程和运行记录。

③运行人员在值班期间应随时进行巡回检查，不得随意离开工作岗位。

④在运行过程中遇不正常情况时，值班人员应根据操作规程紧急处理，并及时报告上级。

⑤保证各种指示仪表和安全装置灵敏准确，定期校验。备用设备完整可靠。

⑥动力设备不得带病运转，任何一处发生故障必须及时消除。

⑦定期进行预防性试验和季节性检查。

⑧经常对值班人员进行安全教育，严格执行安全保卫制度。

5.2.4.2　设备维护保养和应急修理工作任务的区域维护

（1）设备的区域维护

设备的区域维护又称维修工包机制。维修工人承担一定生产区域内的设备维修工作，与生产操作工人共同做好日常维护、巡回检查、定期维护、计划修理及故障排除等工作，并负责完成管区内的设备完好率、故障停机率等考核指标。区域维修责任制是加强设备维修为生产服务、调动维修工人积极性和使生产工人主动关心设备保养和维修工作的一种好形式。

区域维护组这种设备维护组织形式的优点是：在完成应急修理时有高度机动性，从而可使设备修理停歇时间最短，而且值班钳工在无人召请时，可以完成各项预防作业和参与计划修理。

（2）设备区域的划分

设备维护区域划分应考虑生产设备分布、设备状况、技术复杂程度、生产需要和修理钳工的技术水平等因素。可以根据上述因素将车间设备划分成若干区域，也可以按设备类型划分区域维护组。流水生产线的设备应按线划分维护区域。

区域维护组要编制定期检查和精度检查计划，并规定每班对设备进行常规检查时间。为了使这些工作不影响生产，设备的计划检查要安排在工厂的非工作日进行，而每班的常规检查要安排在生产工人的午休时间进行。

（3）设备维护应急修理工作任务

设备专业维护主要组织形式是区域维护组。区域维护组全面负责生产区域的设备维护保养和应急修理工作，它的工作任务是：

① 负责本区域内设备的维护修理工作，确保完成设备完好率、故障停机率等指标；

② 认真执行设备定期点检和区域巡回检查制，指导和督促操作工人做好日常维护和定期维护工作；

③ 在车间机械员指导下参加设备状况普查、精度检查、调整、治漏，开展故障分析和状态监测等工作。

5.2.4.3　提高设备维护水平的措施

为提高设备维护水平应使维护工作基本做到三化，即规范化、工艺化、制度化。

规范化就是使维护内容统一，哪些部位该清洗、哪些零件该调整、哪些装置该检查，要根据各企业情况按客观规律加以统一考虑和规定。

工艺化就是根据不同设备制订各项维护工艺规程，按规程进行维护。

制度化就是根据不同设备不同工作条件，规定不同维护周期和维护时间，并严格执行。

对定期维护工作，要制定工时定额和物质消耗定额并要按定额进行考核。设备维护工作应结合企业生产经济承包责任制进行考核。同时，企业还应发动群众开展专群结合的设备维护工作，进行自检、互检，开展设备大检查。

5.2.5　动设备异常现象及处理

在化工设备中，容易损坏的设备一般都是动设备。在动设备中有易损件，也要求经常去维护，在大修的过程中会更换这些易损件。一般有：轴承、机械密封、密封衬套、密封圈、垫圈。根据每个设备有不同的易损件，本装置中主要动设备有罗茨鼓风机和计量泵。

5.2.5.1　罗茨鼓风机的保养

（1）日常保养

在日常工作中应经常注意轴承温度、声音、振动情况，检查油标油位，油温、进出气压力、电流表指数等。罗茨鼓风机运行中压缩热引起汽缸温度上升，温升和压升相对应。但如产生局部温升太高而导致外表的喷漆烧焦，则应立即停车检查是否有异物吸入或间隙太小。

（2）每月检查

带传动风机应定期检查皮带的张力。

（3）季度检查

每季定期清洗过滤器，更换一次润滑油。

（4）年度保养

每年应定期清洗风机的齿轮、轴承、油密封、气密封。检查转子和气缸内部的情况，校正各部间隙。

5.2.5.2 罗茨鼓风机一般性故障及处理

罗茨鼓风机的故障分析及处理方法见表 5-3。

表 5-3 罗茨鼓风机的故障分析及处理方法

故障	原因分析	处理方法
风量不足	皮带打滑	调整皮带张力或更换皮带
	间隙增大	调校间隙或更换转子
	进口助力大	清洗过滤网
电机超载	过滤网眼堵塞负荷增大	清洗或更换滤网
	压力超过铭牌规定	控制实际工作压力不超出规定值
	叶轮与汽缸壁有摩擦	调整间隙
过热	升压增大	检查吸入和排出压力
	油箱冷却不良	检查冷却水路畅通
	转子与汽缸壁有摩擦	调整间隙
	润滑油过多	控制油标油位
异响	轴承磨损严重	换轴承
	不正常的压力上升	检查压力上升原因
	齿轮损伤	换齿轮
启不动	进排气口堵塞或阀门未打开	拆除堵塞物或打开阀门
	电机接线不对或其他电器问题	检查接线或其他电器
润滑油泄漏	油位过高	静态油位在油位线上方 3~5mm
	密封失效	换密封件
震动大	基础不稳固	加固、紧牢
	轴承磨损	换轴承

5.2.5.3 计量泵一般性故障及处理

计量泵的故障分析及处理方法见表 5-4。

表 5-4 计量泵的故障分析及处理方法

故障	原因分析	处理方法
完全不排液	吸入高度太高	降低安装高度
	吸入管道阻塞	清洗疏通吸入管道
	吸入管道漏气	压紧或更换法兰垫片
排液量不够	吸入管道局部阻塞	疏通吸入管道
	吸入或排出阀内有杂物卡阻	清洗吸排阀
	泵阀磨损关闭不严	修理或更换阀件
	转数不足	检查电机和电压
排出压力不稳定	吸入或排出阀内有杂物卡住	清洗吸入、排出阀
	排出管连接处漏液	拧紧连接处螺丝
计量精度不够	柱塞密封填料漏液	调整或更换密封圈
	吸入或排出阀磨损	更换新件
	电机转速不稳定	稳定电源频率和电压
运转中有冲击声	传动零件松动或严重磨损	拧紧有关螺丝或更换新件
	吸入高度过高	降低安装高度
	吸入管道漏气	压紧吸入法兰
	介质中有空气	排出介质中空气
	吸入管径太小	增大吸入管径

5.2.5.4 FY 型液下泵一般性故障及处理

FY 液下泵的故障分析及处理方法见表 5-5。

表 5-5 FY 液下泵的故障分析及处理方法

故障	原因分析	处理方法
不排液	电机转向不对	调整方向
	液体未浸没叶轮中心线	调整浸没高度
流量不足	叶轮腐蚀,磨损严重	更换叶轮
	转速不足	提高转速
	开式叶轮轴向间隙过大	重新调整间隙
	吸入或出口部分堵塞	清除淤塞部分
扬程不足	输送液体中含有气体	降低液体温度排气
	叶轮被严重腐蚀	更换叶轮
	转速不足	提高转速
功率过大	流量超过使用范围	调整泵流量到使用范围
	介质密度过大	更换较大功率电机
	发生机械摩擦	调整或更换摩擦部件
	填料压得太紧	旋松填料压盖
轴承发热	泵轴与电机轴不同心	调整同心
	轴承盒内缺油或油变质	加油或换油
杂声或震动	泵轴与电机轴不同心	调整同心
	输送液体中含有气体	降低液体温度排气
	转子不平衡	更换零件
	螺母有松动现象	拧紧各部分螺母
	轴套与衬套磨损过大	更换衬套,调整同心

第6章

现场仪表及集散控制系统

6.1 自动控制系统

6.1.1 自动控制系统概念

自动控制系统是在无人直接参与下可使生产过程或其他过程按期望规律或预定程序进行的控制系统。自动控制系统是实现工业生产过程自动化的主要工具。

自动控制系统示意如图 6-1 所示。

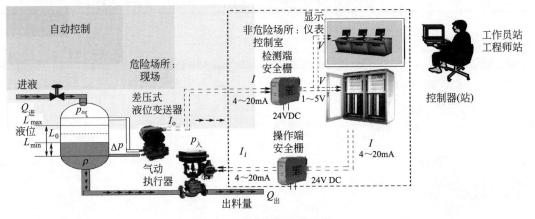

图 6-1　自动控制系统示意

6.1.2 自动控制系统分类

自动控制系统的分类方法较多，如可按控制原理分类、按给定信号分类、按控制系统的复杂程度分类、按控制变量的名称分类、按调节规律分类等，以下简要介绍几种常见的分类方法。

6.1.2.1 按控制原理分类

按控制原理的不同，自动控制系统分为开环控制系统和闭环控制系统两类。

（1）开环控制系统

在开环控制系统中，系统输出只受输入的控制，控制精度和抑制干扰的特性都比较差。开环控制系统中，基于按时序进行逻辑控制的称为顺序控制系统；由顺序控制装置、检测元件、执行机构和被控工业对象所组成。主要应用于机械、化工、物料装卸运输等过程的控制以及机械手和生产自动线。

（2）闭环控制系统

闭环控制系统是建立在反馈原理基础之上的，利用输出量同期望值的偏差对系统进行控制，可获得比较好的控制性能。闭环控制系统又称反馈控制系统。

6.1.2.2　按给定信号分类

按给定信号分类，自动控制系统可分为恒值控制系统、随动控制系统和程序控制系统。

（1）恒值控制系统

给定值不变，要求系统输出量以一定的精度接近给定希望值的系统。如生产过程中的温度、压力、流量、液位高度、电动机转速等自动控制系统属于恒值系统。

（2）随动控制系统

给定值按未知时间函数变化，要求输出跟随给定值的变化。如跟随卫星的雷达天线系统。

（3）程序控制系统

给定值按一定时间函数变化。如程控机床。

6.1.2.3　按控制变量的名称分类

按控制变量的名称可将控制系统分为温度控制系统、压力控制系统、液位控制系统、流量控制系统等。

6.1.3　自动控制系统内容

化工生产过程控制系统一般包括生产过程的自动检测系统、自动控制系统、自动报警及联锁保护系统、自动操纵及自动开停车系统四种自动化系统。

6.1.3.1　自动检测系统

利用各种检测仪表（也叫测量仪表），对生产过程中的各种工艺参数（压力、物位、流量、温度等）自动、连续地进行检测、指示或记录的系统，称为自动检测系统。它代替了操作人员对工艺参数的不断观察与记录，自动地对过程信息进行获取与记录，以供操作人员利用或直接进行监督和控制生产。这在生产过程自动化中，是最基本的也是十分重要的内容。自动检测系统包括被测对象、检测变送、信号转换处理以及显示等环节。其组成框图如图6-2所示。

图 6-2　自动检测系统组成框图

6.1.3.2　自动控制系统（也称自动调节系统）

化工生产过程大多数是连续性生产，各设备之间相互关联，若其中某一设备的工艺条件发生变化时都有可能引起其他设备中某些变量的波动，偏离正常的工艺条件。为此，采用一些自动控制装置，对生产过程中的某些关键性参数进行自动控制，将因受到外界干扰影响而偏离正常状态的工艺变量，自动地调回到规定的数值范围内的系统称为自动控制系统。它至少要包括被控对象、测量变送器、控制器、执行器等基本环节，其组成框图如图 6-3 所示。

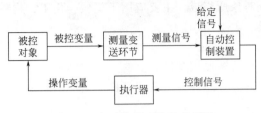

图 6-3   自动控制系统组成框图

6.1.3.3   自动报警及联锁保护系统

在工业生产过程中，有时由于一些偶然因素的影响，导致工艺变量超出允许的变化范围而出现不正常的情况时，轻则造成产品质量下降，重则可能发生设备或人身事故。所以，对一些关键的工艺变量，要设有自动报警与联锁保护系统。在事故发生之前，当变量接近临界数值时，系统会发出声、光等信号，进行自动报警，提醒操作人员注意并及时采取相应措施。如果变量进一步接近临界值、工况已达到危险状态时，联锁系统立即自动采取紧急措施，按照预先设计好的逻辑关系自动打开安全阀或切断某些通路，必要时紧急停车，以防止事故的发生或扩大。它是生产过程中的一种安全保护装置。其组成框图如图 6-4 所示。

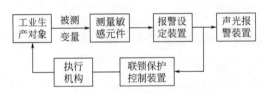

图 6-4   自动报警及联锁保护系统组成框图

6.1.3.4   自动操纵及自动开停车系统

自动操纵系统是利用自动操纵装置，按预先规定的步骤，自动地对生产设备进行某种周期性操作的系统。例如，合成氨造气车间的煤气发生炉，通过自动操纵系统，周期性地接通空气和水蒸气，完成对煤气发生炉进行吹风、上吹、下吹、制气、吹净等工作步骤。

自动开停车系统可以按照预先规定好的步骤，将生产过程自动地投入运行或自动停车。其组成框图如图 6-5 所示。

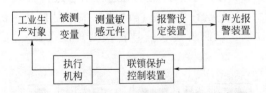

图 6-5   自动操纵及自动开停车系统组成框图

6.1.4   化工自动控制系统的构成

6.1.4.1   人工控制

控制是指为了改善系统的性能或达到特定的目的，通过信息的采集和加工而施加到系统的作用。实现控制过程的方式有两种，一是人工控制（图 6-6），二是自动控制。

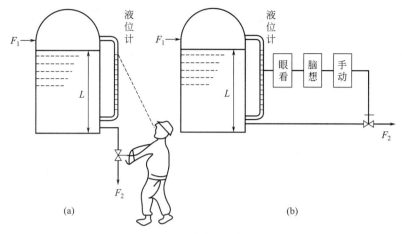

图 6-6　液位人工控制

自动控制系统是在人工控制的基础上产生和发展起来的。如图 6-6 所示的液体储槽，在生产中常用作物料中间容器或成品罐。从前一工序来的物料不断流入槽中，槽中液体又被送至下一工序进行进一步加工。当流入量 F_1（或流出量 F_2）波动时会引起槽内液位的波动，严重时会溢出或抽空。解决此问题的最简单的方法是以储槽液位为操作指标，改变出口阀开度为控制手段，如图 6-6（a）所示。当液位上升时，将出口阀门开大，液位下降时，则关小出口阀。为了使液位上升和下降都有足够的余地，选择玻璃管液位计指示值中间的某一点为正常工作液位高度，通过改变出口阀门的开度而使液位保持在这一高度上，这样就不会出现储槽中液位过高而溢流或过低而抽空的事故。归纳起来，操作人员所进行的工作有以下三个方面，如图 6-6（b）所示。

（1）检测

用眼睛观察玻璃管液位（测量元件）中液位的高低，并通过神经系统告诉大脑。

（2）运算（思考）、命令

大脑根据眼睛看到的液位高度加以思考，并与要求的液位值进行比较，得出偏差的大小和正负，然后根据操作经验，经思考、决策后发出命令。

（3）执行

根据大脑发出的命令通过手去改变阀门开度，以改变出口流量 F_2，从而使液位保持在所需的高度上。

眼、脑、手三个器管，分别担负了检测、运算和执行三个作用，来完成测量、求偏差、操纵阀门以纠正偏差的全过程。

6.1.4.2　自动控制

由于人工控制受到人的生理上的限制，因此在控制速度和精度上都满足不了大型现代化生产的需要。为了提高控制精度和减轻劳动强度，人们发明了采用一套自动化装置来代替上述人工操作，液体储槽和自动化装置一起构成了一个自动控制系统，如图 6-7 所示。

为了完成人工控制中人的眼、脑、手三个器管的任务，自动化装置一般至少包括三个部分，分别用来模拟人的眼、脑和手的功能，这三个部分如下。

（1）测量元件与变送器

它的功能是测量液位并将液位的高低转化为一种特定的、统一的输出信号（如气压信号

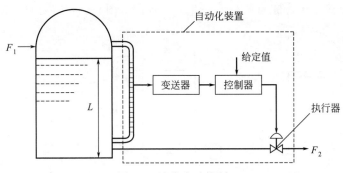

图 6-7　液位自动控制

或电压、电流信号等)，作为测量值送给控制器。此部分在现场，根据被测参数的不同，一般可分为下列几类：

① 温度传感器、变送器；

② 压力/压差变送器；

③ 流量变送器；

④ 液位变送器；

⑤ 电量变送器等。

(2) 自动控制器

它接收变送器送来的信号，与工艺要求的液位高度相比较得出偏差，并按某种运算规律算出结果，然后将此结果用特定信号 (气压或电流) 发送出去，作为控制信号送给执行装置。这部分设施一般在控制室内，最简单的有单、双回路控制器，多参数、多回路的一般采用 PLC、工控机、DCS 系统等。

(3) 执行器

通常指调节阀，它与普通阀门的功能一样，只不过能自动地根据控制器送来的信号值来改变阀门的开启度，使被控制的工艺变量发生变化。执行器部分也在现场，调节阀是最常见的执行器，此外还有变频器、交直流调速器等。

显然，这套自动化装置具有人工控制系统中操作人员的眼、脑、手的部分功能，因此，它能完成自动控制储槽中液位高低的任务。

在自动控制系统的组成中，除了必须具有前述的自动化装置外，还必须具有控制装置所控制的生产设备。将需要控制其工艺参数的生产设备或机器叫做被控对象，简称对象。图 6-7 中的液位储槽就是这个液位控制系统的被控对象。化工生产中的各种塔器、反应器、换热器、各类容器、泵、压缩机等都是常见的被控对象。在复杂的生产设备中，如精馏塔，在一个设备上可能有若干个控制系统。这时在确定被控对象时，就不一定是生产设备的整体。例如一个精馏塔，往往塔顶需要控制温度、压力等，塔底需要控制温度、液位，塔中部还需要控制进料流量，在这种情况下，就只有塔的某一与控制有关的相应部分才是一个控制系统的被控对象。

6.1.5　自动控制系统的方框图

在研究自动控制系统时，通常以方框图来描述系统内各组成部分 (环节) 间的相互影响和信号传递的关系，方框图是控制系统或系统中每个环节的功能和信号流向的图解表示，是控制系统进行理论分析、设计中常用到的一种形式。

6.1.5.1 方框图的组成要素

方框——每一个方框表示系统中的一个组成部分（也称为环节），方框内添入表示其自身特性的数学表达式或文字说明。

信号线——信号线是带有箭头的直线段，箭头用来表示环节间的信号联系和信号传递方向，直线段用来表示信号流；作用于方框上的信号为该环节的输入信号，由方框送出的信号称为该环节的输出信号。

比较点——比较点表示对两个或两个以上信号进行加减运算，"＋"号表示相加，"－"号表示相减。

引出点（分支点）——表示信号引出或测量，从同一位置引出的信号在数值和性质方面完全相同。

方框图的组成要素示意图见图 6-8。

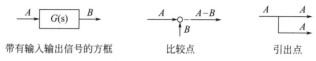

带有输入输出信号的方框　　　　　比较点　　　　　引出点

图 6-8　方框图的组成要素示意图

在绘制方框图时应注意以下几点。

① 方框图中每一个方框表示一个具体的实物。

② 方框之间带箭头的线段表示它们之间的信号联系，与工艺设备间物料的流向无关。方框图中信号线上的箭头除表示信号流向外，还包含另一种方向性的含义，即所谓单向性。对于每一个方框或系统，输入对输出的因果关系是单方向的，只有输入改变了才会引起输出的改变，输出的改变不会返回去影响输入。

③ 比较点不是一个独立的元件，而是控制器的一部分。为了清楚地表示控制器比较机构的作用，故将比较点单独画出。

6.1.5.2 自动控制系统的方框图

对于一个简单的自动控制系统，可以用如图 6-9 所示的方框图表示。

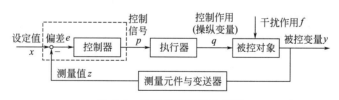

图 6-9　自动控制系统方框图

现在结合自动控制系统的方框图来说明描述过程控制系统时常用的几个术语。

被控对象 y（简称对象）：在自动控制系统中，将需要控制其工艺参数的生产设备、机器、一段管道或设备的一部分叫做被控对象，简称对象。如上例中的水槽。

被控变量：被控对象中需要加以控制（一般是需要保持恒定）的工艺变量。如上例中的水槽液位。

操纵变量 q：为左右被控变量，而施加给被控对象的物料量或能量。如上例中的出水量。

干扰作用 f：除操纵变量外，作用于被控对象并引起被控变量变化的因素，如上例中的进水量的波动。

设定值 x（也称给定值）：工艺上希望保持的被控变量的预定值。如上例中的 50% 的液位高度。

偏差 e：设定值与控变量的测量值之差。

6.2　现场仪表

仪器、仪表的简单分类如图 6-10 所示，通常将安装于工作现场的仪表统称为现场仪表，如图 6-10 中左边部分。

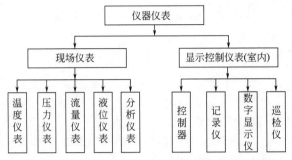

图 6-10　仪器、仪表的简单分类

以下简单介绍常用的温度、压力、物位、流量四类仪器、仪表。

6.2.1　常用现场温度仪表

在化工生产过程中，温度是最重要的工艺指标之一，温度的高低，直接影响化工产品的质量，严重的可能导致恶性事故的发生，因此，作为一个化工生产一线的操作技术人员，必须了解常用的温度仪表及温度传感器、变送器等知识。如表 6-1 所示为几类常用的温度仪表及温度传感器、变送器。

表 6-1　常用的温度仪表及温度传感器、变送器

测温方式	温度计类型		测温原理	测量范围/℃	主要特点
接触式	膨胀式温度计	固体膨胀式双金属温度计	受热膨胀特性	−200~600	结构简单,价格低廉,用于就地测量
		液体膨胀式水银(有机液)玻璃温度计			
	热电阻温度计	铂电阻 Pt100	导体或半导体的阻值随温度的变化而变化	−200~600	精确度高,远距离传送信号,适用于中、低温测量,作用广泛,稳定性好
		铜电阻 Cu50		−500~100	
	热电偶温度计	铂铑$_{10}$-铂 S	金属的热电效应	0~1600	温度范围广,精确度高,远距离传送,适合于中高温测量。需要冷端温度补偿,需要补偿导线
		铂铑$_{30}$-铂铑$_6$ B		600~1800	
		镍铬-镍硅 K		−200~1300	
		铜-铜镍 T		−200~400	
		镍铬-铜镍 E		−200~900	
		铁-铜镍 J		−40~750	
		铂铑$_{13}$-铂 R		0~1600	
非接触式	辐射式高温计	光学式	物体辐射能随温度变化的性质	700 以上	适用于不宜接触测量的场合,测量精度受周围环境条件的影响
		比色式			
		红外式			

6.2.2　常用现场压力表类型

同样在化工生产过程中，压力也是最重要的工艺指标之一，压力的高低，直接影响化工产品的质量，严重的也可能导致恶性事故的发生，因此，作为一个化工生产一线的操作技术人员，必须了解常用的压力测量仪器、仪表的类型。如表 6-2 所示为按测量原理分类的压力变送器，即将压力信号变成标准电信号（4～20mA）远传。如表 6-3 所示为几类常用的弹性式现场压力测量仪表。

表 6-2　压力变送器

类型		精度	输出信号	原理及特点
DDZ-Ⅱ		0.5、1.0、2.0	0～10mA	力平衡式，力、位移四线制，电源 220VAC，抗振及稳定性差，价廉，体积大
DDZ-Ⅲ		0.5 1.0	4～20mA	矢量机构力平衡式，力、位移两线制，电源 24VAC，稳定性相对比Ⅱ好，体积大，隔爆型、本安型
全电子式	1151 系列（CECY，CECC）	0.2 0.25 0.5	4～20mA，HART 数字信号	电容传感器，力、电容两线制，电源 12～45 VDC，小型、抗振、稳定，智能型，价格高（因品牌而异），隔爆型、本安型
	固态压阻硅系列	0.15、0.25 0.5、1.0	4～20mA 数字信号（因品牌而异）	硅应变电阻传感器，力、电阻，两线制，电源 10～55 VDC，小型，稳定性较好，价格中等（与厂家品牌而异），隔爆型、本安型
	EJA 系列	0.075 0.1 0.2	4～20mABRAIN 或 HART 数字信号	单晶硅谐振式传感器，力、频率，两线制，电源 16.4～42 VDC 稳定，连续四年不需要校验，智能型，价格高

表 6-3　常用的弹性式现场压力测量仪表

类型	测压范围	用途
弹簧管式压力表 隔膜式压力表 电接点压力表 电阻远传压力表	−0.1～60MPa	就地指示（有些介质要用特殊压力表） 就地，用于腐蚀性、高黏度、易结晶、含固体颗粒的介质 就地，报警远传 就地显示同时电阻信号远传，精度低稳定性不高，价低，用于不重要的场合

6.2.3　常用现场物位仪表

物位通常是指被测介质与气体之间界面的高度。被测介质为固体粉状与气体的界面高度称为料位，被测介质为液体与气体的界面高度称为液位。工厂中经常遇到的是液位的检测。液位检测在工业生产中有着重要的地位，通过液位的检测可以知道容器内所储存的液位的体积；监视和控制容器内的液位；在液位超过一定值时发出报警信号，以确保生产的安全进行。

检测物位的仪表有很多种，按其工作原理可分为以下几种类型。

（1）直读式液位计

主要有玻璃管液位、玻璃板液位计。它们依据连通器原理，结构简单，使用方便，但只能就地指示，不能远传，在某些要求不高的场合，经常使用。

（2）浮力式液位计

依据浮球随液位高度变化而变化的原理，检测液位。该类仪表有恒浮力式与变浮力式两种，如浮球式液位计和沉筒式液位计，它们在生产实际中也经常使用。

（3）差压式液位计

依据流体静压原理来检测液位的高度。通常将随液位变化的差压，经过差压变送器换成统一信号输出，该类液位计使用十分广泛。

（4）电气式液位计

将液位变化，转变成某种电量的变化，来检测液位。如电容式、电阻式液位计等。

（5）非接触式液位计

利用光学、声学或辐射等原理，对液位进行检测。如光学式液位计、超声波液位计和核辐射式物位计等。

如表 6-4 所示为常用的连续测量型物位仪表。

表 6-4　常用的连续测量型物位仪表

类型	基本原理	代表产品	特点
浮力式液位计	应用浮力原理测量液位	浮球式液位计 浮筒式液位计	以机械结构为主，体积笨重，但维护简单。测量的量程有限，适合于黏度小的介质
静压式液位计	液柱的高度与液柱产生的静压成正比	差压、单/双法兰式差压变送器 投入式液位变送器	作用最广泛，安装方便，适合于腐蚀性介质，价格适中
超声波式	用压电晶体作探头发射声波，声波遇到两相界面被反射回来又被探头所吸收，根据声波来回时间而测出物体高度	超声波物位计	非接触式测量，测量范围宽，液体、粉末、块体的物位均可。受被测介质温度、压力、密度变化的影响。价格较高
微波式物位计	天线发射微波，微波遇到物料界面被反射，雷达系统接收反射信号，根据微波的行程时间而测出物位高度	雷达物位计	非接触式测量，测量范围宽，液体、粉末、块体的物位均可。不受被测介质温度、压力、密度变化的影响。测量精度高，价格高昂

6.2.4　常用现场流量计

流量的控制对化工生产的稳定、产品质量的高低也同样重要，而物料的流量数据必须通过流量计的正确测量。

测量流体流量的仪表称为流量计或者流量表。流量计是工业测量重要的仪表之一，为了适应工业生产的发展，流量测量的准确度和范围的要求越来越高，各种类型的流量计相继问世。目前市场上已有超过一百多种。从不同的角度出发，流量计有不同的分类方法。常用的分类方法有两种，一是按流量计采用的测量原理进行归纳分类；二是按流量计的结构原理进行分类。

6.2.4.1　按测量原理分类

（1）力学原理

属于此类原理的仪表有利用伯努利定理的差压式、转子式；利用动量定理的冲量式、可动管式；利用牛顿第二定律的直接质量式；利用流体动量原理的靶式；利用角动量定理的涡轮式；利用流体振荡原理的旋涡式、涡街式；利用总静压力差的皮托管式以及容积式和堰、槽式等。

（2）电学原理

用于此类原理的仪表有电磁式、差动电容式、电感式、应变电阻式等。

（3）声学原理

利用声学原理进行流量测量的有超声波式.声学式（冲击波式）等。

（4）热学原理

利用热学原理测量流量的有热量式、直接量热式、间接量热式等。

（5）光学原理

激光式、光电式等是属于此类原理的仪表。

（6）原子物理原理

核磁共振式、核辐射式等是属于此类原理的仪表。

（7）其他原理

有标记原理（示踪原理、核磁共振原理）、相关原理等。

6.2.4.2　按流量计结构原理分类

按当前流量计产品的实际情况，根据流量计的结构原理，大致上可归纳为以下几种类型。

（1）容积式流量计

容积式流量计相当于一个标准容积的容器，它接连不断地对流动介质进行度量。流量越大，度量的次数越多，输出的频率越高。容积式流量计的原理比较简单，适于测量高黏度、低雷诺数的流体。根据回转体形状不同，目前生产的产品分：适于测量液体流量的椭圆齿轮流量计、腰轮流量计（罗茨流量计）、旋转活塞和刮板式流量计；适于测量气体流量的伺服式容积流量计、皮膜式和转简流量计等。

（2）叶轮式流量计

叶轮式流量计的工作原理是将叶轮置于被测流体中，受流体流动的冲击而旋转，以叶轮旋转的快慢来反映流量的大小。典型的叶轮式流量计是水表和涡轮流量计，其结构可以是机械传动输出式或电脉冲输出式。一般机械式传动输出的水表准确度较低，误差约2%，但结构简单，造价低，国内已批量生产，并标准化、通用化和系列化。电脉冲信号输出的涡轮流量计的准确度较高，一般误差为0.2%～0.5%。

（3）冲量式流量计

利用冲量定理测量流量的流量计称冲量式流量计，多用于测量颗粒状固体介质的流量，还用来测量泥浆、结晶型液体和研磨料等的流量。流量测量范围从每小时几千克到近万吨。典型的仪表是水平分力式冲量流量计，其测量原理是当被测介质从一定高度自由下落到有倾斜角的检测板上产生一个冲力，冲力的水平分力与质量流量成正比，故测量这个水平分力即可反映质量流量的大小。按信号的检测方式，该型流量计分位移检测型和直接测力型。

（4）电磁流量计

电磁流量计是应用导电体在磁场中运动产生感应电动势，而感应电动势又和流量大小成正比，通过测电动势来反映管道流量的原理而制成的。其测量精度和灵敏度都较高。工业上多用以测量水、矿浆等介质的流量。可测最大管径达2m，而且压损极小。但导电率低的介质，如气体、蒸汽等则不能应用。

电磁流量计造价较高，且信号易受外磁场干扰，影响了在工业管流测量中的广泛应用。为此，产品在不断改进更新，向微机化发展。

（5）超声波流量计

超声波流量计是基于超声波在流动介质中传播的速度等于被测介质的平均流速和声波本身速度的几何和的原理而设计的。它也是由测流速来反映流量大小的。超声波流量计虽然在20世纪70年代才出现，但由于它可以制成非接触型式，并可与超声波水位计联动进行开口流量测量，对流体又不产生扰动和阻力，所以很受欢迎，是一种很有发展前途的流量计。超声波流量计按测量原理分可分为时差式和多普勒式，利用时差式原理制造的时差式超声流量计近年来得到广泛的关注和使用，是目前企事业使用最多的一种超声波流量计。

利用多普勒效应制造的超声多普勒流量计多用于测量介质有一定的悬浮颗粒或气泡介质，使用有一定的局限性，但却解决了时差式超声波流量计只能测量单一清澈流体的问题，也被认为是非接触测量双相流的理想仪表。

6.2.5　执行器

执行器是构成自动控制系统不可缺少的重要部分。例如一个最简单的控制系统就是由被控对象、检测仪表、控制器及执行器组成的。执行器在系统中的作用是接受控制器的输出信号，直接控制能量或物料等调节介质的输送量，达到控制温度、压力、流量、液位等工艺参数的目的。由于执行器代替了人的操作，人们常形象地称之为实现生产过程自动化的"手脚"。

由于执行器安装在生产现场，和生产介质直接接触，常工作在高温、高压、深冷、强腐蚀、易堵、易漏等恶劣条件下，要保证它的安全运行往往是一件既重要但又不是容易的事。事实上，它常常是控制系统中最薄弱的一个环节。由于执行器的选择不当或维护不善，常使整个控制系统不能可靠工作，或严重影响控制品质。而且执行器的工作与生产工艺密切相关，它直接影响生产过程中的物料平衡与能量平衡。因此，每个技术人员都应该给予执行器以足够的重视。

执行器一般由执行机构和调节机构两部分组成。根据执行机构使用的能源种类，执行器可分为气动、电动、液动三种。其中气动执行器具有结构简单、工作可靠、价格便宜、维护方便、防火防爆等优点，因而在工业控制中获得最普遍的应用。电动执行器的优点是能源取用方便、信号传输速度快和传输距离远，缺点是结构复杂、推力小、价格贵，适用于防爆要求不太高及缺乏气源的场所。液动执行器的特点是推力最大，但目前工业控制中使用不多。

在工业生产自动化过程中为了适应不同需要，往往采用电-气复合控制系统，这时可以通过各种转换器或阀门定位器等进行转换；为保证控制系统的安全，必须使用安全栅；有时为了实现软启动和节能，常采用变频调速器来控制泵的输送量。因此，在本节后面对电/气转换阀门定位器、安全栅和变频调速器的使用作一简单讨论。

6.2.5.1　气动薄膜调节阀的结构原理和工作方式

气动薄膜调节阀是一种典型的气动执行器。它是由气动执行机构和调节阀两部分组成，根据需要还可以配上阀门定位器和手轮机构等附件。如图6-11所示的气动执行机构接收控制器（或转换器）的输出气压信号（0.02~0.1MPa），按一定的规律转换成推力，去推动调节阀。调节阀为执行器的调节机构部分，它与被调节介质直接接触，在气动执行机构的推动下，使阀门产生一定的位移，用改变阀芯与阀座间的流通面积，来控制被调介质的流量。

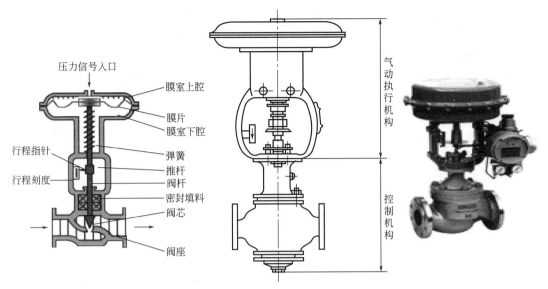

图 6-11　气动薄膜调节阀外形图

气动薄膜式执行机构具有结构简单、动作可靠、维修方便、价格便宜等特点，通常接收 0.02～0.1MPa 的压力信号，是一种用得较多的气动执行机构。其工作原理如图 6-11 所示。

当压力信号引入薄膜气室后，在波纹膜片 2 上产生推力，使推杆 5 产生位移，直至弹簧 6 被压缩的反作用力与信号压力在膜片上产生的推力相平衡为止。推杆的位移就是气动薄膜执行机构的行程，如图 6-12 所示。

气动薄膜式执行机构分为正作用式与反作用式两类。当信号压力增大时，推杆 5 向下移动的叫正作用式气动薄膜执行机构，如图 6-12 所示。当信号压力增大时，推杆向上移动的叫反作用式气动薄膜执行机构，如图 6-13 所示。正作用式气动薄膜执行机构的信号压力是通入波纹膜片上方的薄膜气室；而

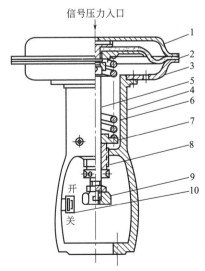

图 6-12　正作用式气动薄膜执行机构

1—上膜盖；2—波纹膜片；3—下膜盖；4—支架；
5—推杆；6—弹簧；7—弹簧座；8—调节件；
9—连接阀杆螺母；10—行程标尺

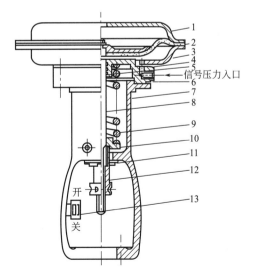

图 6-13　反作用式气动薄膜执行机构

1—上膜盖；2—波纹膜片；3—下膜盖；4—密封膜片；
5—密封环；6—填块；7—支架；8—推杆；9—弹簧；
10—弹簧座；11—衬套；12—调节件；13—行程标尺

反作用式气动薄膜执行机构的信号压力是通入波纹膜片下方的薄膜气室。通过更换个别零件，两者便能互相改装。

6.2.5.2　调节阀阀体的主要类型

调节阀是按信号压力的大小，通过改变阀芯行程来改变阀的阻力系数，以达到调节流量的目的。根据不同的使用要求，调节阀阀体的结构有很多种类，如直通单座、直通双座、角形、高压阀、隔膜阀、阀体分离阀、蝶阀、球阀、凸轮挠曲阀、笼式阀、三通阀、小流量阀与超高压阀等。

（1）直通单座调节阀

直通单座调节阀的阀体内只有一个阀座和阀芯，如图 6-14（a）所示。其特点是结构简单、价格便宜、全关时泄漏量少。它的泄漏量为 0.01%，是双座阀的 1/10。但由于阀座前后存在压力差，对阀芯产生不平衡力较大。一般适用于阀两端压差较小，对泄漏量要求比较严格，管径不大（公称直径<25mm）的场合。当需用在高压差时，应配用阀门定位器。

（2）直通双座调节阀

直通双座调节阀的阀体内有两个阀座和两个阀芯，如图 6-14（b）所示。它的流通能力比同口径的单座阀大。由于流体作用在上、下阀芯上的推力方向相反而大小近似相等，因此介质对阀芯造成的不平衡力小，允许使用的压差较大，应用比较普遍。但是，因加工精度的限制，上下两个阀芯不易保证同时关闭，所以关阀时泄漏量较大。阀体内流路复杂，用于高压差时对阀体的冲蚀损伤较严重，不宜用在高黏度和含悬浮颗粒或纤维介质的场合。

（3）角形调节阀

角形调节阀的两个接管呈直角形，如图 6-14（c）所示。它的流路简单，阻力较小。流向一般是底进侧出，但在高压差的情况下，为减少流体对阀芯的损伤，也可侧进底出。这种阀的阀体内不易积存污物，不易堵塞，适用于测量高黏度介质、高压差和含有少量悬浮物和颗粒状物质的流量。

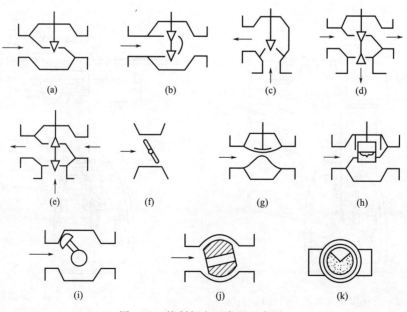

图 6-14　控制阀主要类型示意图

（4）高压调节阀

高压调节阀的结构形式大多为角形，阀芯头部掺铬或镶以硬质合金，以适应高压差下的冲刷和汽蚀。为了减少高压差对阀的汽蚀，有时采用几级阀芯，把高差压分开，各级都承担一部分以减少损失。

（5）三通调节阀

三通调节阀有三个出入口与管道连接。其流通方式有分流（一种介质分成两路）和合流（两种介质混合成一路）两种。分别如图 6-14（d）、（e）所示。这种产品基本结构与单座阀或双座阀相仿。通常可用来代替两个直通阀，适用于配比调节和旁路调节。与直通阀相比，组成同样的系统时，可省掉一个二通阀和一个三通接管。

（6）蝶阀

又名翻板（挡板）阀，如图 6-14（f）所示。它是通过杠杆带动挡板轴使挡板偏转，改变流通面积，达到改变流量的目的。蝶阀具有结构简单、重量轻、价格便宜、流阻极小的优点，但泄漏量大。适用于大口径、大流量、低压差的场合，也可以用于浓浊浆状或悬浮颗粒状介质的调节。

（7）隔膜调节阀

它采用耐腐蚀衬里的阀体和隔膜，代替阀组件，如图 6-14（g）所示。当阀杆移动时，带动隔膜上下动作，从而改变它与阀体堰面间的流通面积。这种调节阀结构简单、流阻小、流通能力比同口径的其他种类的大。由于流动介质用隔膜与外界隔离，故无填料密封，介质不会外漏。这种阀耐腐蚀性强，适用于强酸、强碱、强腐蚀性介质的调节，也能用于高黏度及悬浮颗粒状介质的调节。

由于隔膜的材料通常为氯丁橡胶、聚四氟乙烯等，故使用温度宜在 150℃ 以下，压力在 1MPa 以下。另外，在选用隔膜阀时，应注意执行机构须有足够的推力，以克服介质压力的影响。一般隔膜阀直径＞100mm 时，应采用活塞式执行机构。

（8）笼式阀

又名套筒型调节阀，它的阀体与一般直通单座阀相似，如图 6-14（h）所示。笼式阀的阀体内有上个圆柱形套筒，也叫笼子。套筒壁上开有一个或几个不同形状的孔（窗口），利用套筒导向，阀芯可在套筒中上下移动，由于这种移动改变了笼子的节流孔面积，形成各种特性并实现流量调节。笼式阀的可调比大、振动小、不平衡力小、结构简单、套筒互换性好，部件所受的汽蚀也小，更换不同的套筒即可得到不同的流量特性，是一种性能优良的阀。可适用于直通阀、双座阀所应用的全部场合，特别适用于降低噪声及差压较大的场合。但要求流体洁净，不含固体颗粒。

（9）凸轮挠曲阀

又名偏心旋转阀，如图 6-14（i）所示。它的阀芯呈扇形球面状，与挠曲臂及轴套一起铸成，固定在转动轴上。凸轮挠曲阀的挠曲臂在压力作用下能产生挠曲变形，使阀芯球面与阀座密封圈紧密接触，密封性良好。同时，它的重量轻、体积小、安装方便。适用于既要求调节，又要求密封的场合。

（10）球阀

球阀的节流元件是带圆孔的球形体，如图 6-14（j）所示。转动球体可起到调节和切断的作用，常用于双位式控制。

球阀的结构除上述外，还有一种是 V 形缺口球形体，如图 6-14（k）所示。转动球心使

V形缺口起节流和剪切的作用，其特性近似于等百分比型。适用于纤维、纸浆、含有颗粒等介质的调节。

6.3 集散控制系统的体系结构和基本构成

6.3.1 体系结构

层次化是集散控制系统的体系特点。集散控制系统的体系结构分为四个层次，如图6-15所示。

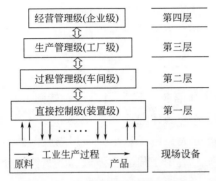

图 6-15　集散控制系统体系结构

（1）直接控制级

直接控制级直接与现场各类设备（如变送器、执行器等）相连，对所连接的装置实施监测和控制；同时它还向上传递装置的特性数据和采集到的实时数据，并接收上一层发来的管理信息。这一级主要有控制站、数据采集站等，这一层所实现的功能主要有：过程数据采集、数据检查、数字开环和闭环控制、设备检测、系统测试及诊断、实施安全和冗余化措施等。

（2）过程管理级

这一级主要有操作站、工程师站和监控计算机。过程管理级监视各站的所有信息，进行集中显示和操作、控制回路组态、参数修改和优化过程处理等。这一层所实现的功能主要有：过程操作测试、优化过程控制、错误检测、数据存储等。

（3）生产管理级

生产管理级也称为产品管理级。这一级上的管理计算机根据各单元产品的特点以及库存、销售等情况，总体协调生产各单元的参数设定，调整产品结构和规模，以达到生产的总体协调和控制。这一层所实现的功能主要有：规划产品结构和规模、产品监视、产品报告、工厂生产监视等。

（4）经营管理级

这是集散控制系统的最高级，与办公自动化系统相连接，可实施全厂的总体协调管理，包括各类经营活动、人事管理等。这一层所实现的功能主要有：市场与用户分析、订货与销售统计、销售计划制定、产品制造协调、合同等事项、期限监督。

目前，我国大中型企业的DCS系统已经达到生产管理级的功能，但部分企业的DCS系统只具有直接控制级和过程管理级两层功能。随着技术的进步和市场经济的不断发展与完善，经营管理级的功能也将会在 DCS 系统中实现。

6.3.2　基本构成

集散控制系统概括起来可分为集中监视管理、分散控制和通信三大部分。见图 6-16。

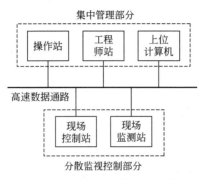

图 6-16　集散控制系统基本构成图

（1）集中管理部分

又可分为操作站、工程师站和上位计算机。操作站是由微处理器、CRT、键盘、打印机等组成的人机系统，实现集中显示、操作和管理。工程师站主要用于系统组态和维护。上位计算机用于全系统的信息管理和优化控制。

（2）分散监视控制部分

按功能可分为现场控制站和现场监测站两部分。现场控制站由微处理器、存储器、输入输出（I/O）板、A/D 和 D/A 转换器、内部通信总线、电源和通信接口等组成，可以控制多个回路，具有较强的运算能力和各种控制算法功能，可自主地完成回路控制任务，实现分散控制。现场监测站也称为数据采集装置，主要是采集非控制变量并进行数据处理。

（3）通信部分

也称为高速数据通路，其连接 DCS 的操作站、工程师站、上位计算机、控制站和监测站等各部分，完成数据、指令及信息的传递，是实现分散控制和集中管理的关键。

6.3.3　DCS 系统的硬件结构

DCS 的硬件系统主要由集中操作管理装置、分散过程控制装置和通信接口设备等组成。通过通信网络将这些硬件设备连接起来，共同实现数据采集、分散控制和集中监视、操作及管理等功能。

6.3.3.1　现场控制站

现场控制站中的主要设备是现场控制单元。现场控制单元式 DCS 直接与生产过程进行信息交互的 IO 处理系统，它的主要任务是进行数据采集及处理，对被控对象实施闭环反馈控制、顺序控制和批量控制。用户可以根据不同的应用需求，选择配置不同的现场控制单元构成现场控制站。它可以是以面向连续生产的过程控制为主，辅以顺序逻辑控制，构成的一个可以实现多种复杂控制方案的现场控制站；也可以是以顺序控制、联锁控制功能为主的现场控制站；还可以是一个对大批量过程信号进行总体信息采集的现场控制站。

现场控制站是一个可以独立运行的计算机检测控制系统。由于它是专为过程检测、控制而设计的通用型设备，所以其机柜（图 6-17）、电源、输入输出通道和控制计算机（图 6-18）等，与一般的计算机系统有所不同。

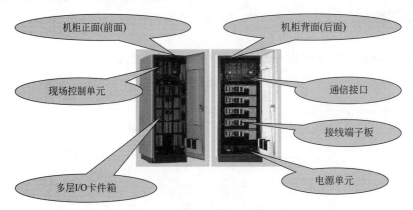

图 6-17　现场控制站机柜

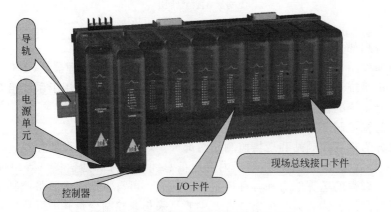

图 6-18　现场控制站控制器及 I/O 卡件

6.3.3.2　操作站

运行在 PC 硬件平台、NT 操作系统下的通用操作站的出现，给 DCS 用户带来了许多方便。由于通用操作站的适用面广，相对生产量大，成本下降，因而可以节省用户的经费，维护费用也比较少。

为了实现监视和管理等功能，操作站必须配置以下设备（图 6-19）。

① 操作台，也就是专用电脑桌。

② 微处理机系统，就是高档电脑。

③ 外部存储设备，简单说就是大容量硬盘。

④ 图形显示设备，就是电脑显示器。

⑤ 操作键盘跟鼠标。

⑥ 打印输出设备，就是打印机。

6.3.4　DCS 系统的发展简介

20 世纪 70 年代，由于经济的迅速发展，生产装置迅速向大型化方向发展，尤其是石油

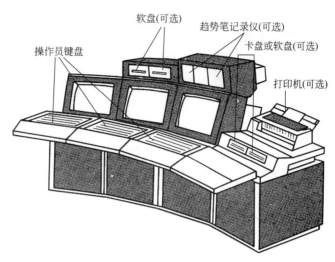

图 6-19 操作站示意图

炼制、冶金、化工、建材、电力等行业，这些行业生产装置的大型化能够带来明显的好处，如生产效率提高、原料消耗减少、劳动力成本降低等。生产设施的大型化要求设备之间具有更好的协调性，而且停机将带来更大的损失。因此用户迫切希望能够有一种产品或者系统能够解决生产设施大型化和连续化所面临的控制问题。与此同时，在 20 世纪 70 年代中期，大规模集成电路取得突破性的发展，8 位微处理器得到了广泛的运用，使自动化仪表工业发生巨大的变化，现代意义上的 DCS 也应运而生，1975 年 Honeywell 推出了第一个 DCS 产品。中国使用 DCS 始于 1981 年，当时吉化公司化肥厂在合成氨装置中引进了 Yokogawa 的产品，表现出良好的控制性能和可靠性。随后中国引进的 30 套大化肥项目和大型炼油项目都采用了 DCS 控制系统，提高了生产设施的效率和产品质量的连续性，并且物耗和能耗也有不同程度的降低。DCS 产品在石油和化工行业的成功应用也促进了其他行业控制系统的发展，在随后的几年，冶金、建材、电力、轻工等行业的新建项目中也陆续使用了 DCS 产品，并成为这些行业的主流控制系统。进入 90 年代以后，计算机技术突飞猛进，更多新的技术被应用到了 DCS 之中。

PLC 是一种针对顺序逻辑控制发展起来的电子设备，它主要用于代替不灵活而且笨重的继电器逻辑。现场总线技术在进入 20 世纪 90 年代中期以后发展十分迅猛，以至于有些人已做出预测：基于现场总线的 FCS 将取代 DCS 成为控制系统的主角。

6.3.4.1 国际著名厂商及典型产品

① Honeywell：TDC3000、PKS。

② Foxboro：I/A series。

③ Yokogawa：CS-1000、CS-3000。

④ Emerson：Delta V。

6.3.4.2 国内著名厂商及典型产品

① 浙江中控：JX-300XP、ECS-100。

② 和利时：MACS。

6.3.5　集散控制系统的特点

DCS 控制系统与常规模拟仪表及集中型计算机控制系统相比，具有很显著的特点。

① 系统构成灵活。

② 操作管理便捷。

③ 控制功能丰富。

④ 信息资源共享。

⑤ 安装、调试方便。

⑥ 安全可靠性高。

化工"三废"处理和利用

7.1 化工对环境污染

7.1.1 化工生产环境污染概况

化工生产污染环境的主要原因是生产过程中原子利用率并非 100% 甚至很低,因此产生大量的废气、废水和废渣(简称"三废")。化学工业污染具有数量大(占环境污染总量 80%~90%)、种类多、成分及结构复杂、有毒有害和难以生物降解等特征,所以处理难度大。

早期化学工业(19 世纪末)生产酸、碱等无机化工原料为主,小规模的生产以煤焦油为原料的合成燃料及酒精工业等,有机化工处于初级阶段,主要污染物为酸、碱、盐等无机污染物,污染规模小,不构成大面积流域性危害;化学工业发展至 20 世纪初到 20 世纪 40 年代时,环境污染进入发展期,新兴化工行业——冶金、炼焦工业的发展以及煤化学工业时期的来临,使得化学污染物越趋复杂,无机化工规模的扩大和有机化工的发展加快,使得化学污染有了有机和无机协同作用;从 20 世纪 50 年代开始,化工生产环境污染进入泛滥期,油气田的发现,使得石油和天然气为主要原料的"石油化学时代"来临,然而,环保意识的缺乏,加剧了化工污染的严重。

"三废"的排放,不仅污染环境,而且对人类健康的危害也日益加剧。人口的增多,各类资源的短缺,使传统化学向绿色化学转变、解决生产环境污染问题成为人类社会和经济发展中关键的一步。随着环境保护意识的增强,提出绿色化学的理念,原子经济性和"5R"原则即减量(Reduction)、重复使用(Reuse)、回收(Recycling)、再生(Regeneration)、拒用(Rejection),在化工生产过程中越来越被重视,革新技术从源头上减少或消除污染实现零排放成为化工行业未来发展的方向。

7.1.2 化工污染物来源及危害

化工污染物根据性质可分为:无机化学工业污染和有机化学工业污染;根据形态可分为:废气、废水和废渣。

7.1.2.1 化工废气

大气污染物可分为气体污染物和气溶胶状污染物。化工废气污染物主要有:

① 颗粒污染物：固体颗粒、液体颗粒或它们在气体介质中的悬浮体；
② 硫氧化物：SO_2、SO_3 等；
③ 氮氧化物：NO、NO_2、…、NO_x 等；
④ 碳氧化物：CO、CO_2；
⑤ 烃类：C_xH_y；
⑥ 有毒类有机物。

其主要来源于：炼油厂和石化厂的加热炉和锅炉排放的燃烧废气；生产装置产生的不凝气、弛放气和反应中产生的副产品等过剩气体；轻质油品、挥发性化学药品和溶剂在储运过程中的挥发、泄漏；废水和废弃物的处理和运输过程中散发的恶臭和有毒气体；以及石化工厂在生产原料和产品运输过程中的挥发和泄漏散发出的废气。这些废气大多产生于副反应和化学反应不完全，产品加工和使用过程中、物流中的跑、冒、滴、漏，开停车及操作不当、管理不善以及光或雨水作用下造成的二次污染。

化工废气种类繁多、组分复杂，污染物浓度高、污染面广，具有毒性、危害大，且难以治理。其中，二氧化碳、氯氟烃、一氧化二氮和甲烷等温室气体会造成全球的气温升高。这将会改变降雨和蒸发体系，影响农业和粮食资源，改变大气环流，进而影响海洋水流导致富营养地区的迁移、海洋生物的再分布和一些捕鱼区的消失。同时，也会使冰川溶化，海平面上升，给沿海地区造成大灾难。氟利昂、甲烷、四氯化碳和三氯甲烷等会引起同温层中臭氧的浓度下降，形成"臭氧空洞"。此外，由于化学燃料的大量使用，人为的排放大量的二氧化硫和氮氧化物，形成酸雨。酸雨的主要危害是破坏森林生态系统、改变土壤性质结构、破坏水生生态系统、腐蚀建筑物和损坏人体的呼吸系统和皮肤。

7.1.2.2　化工废水

各种化工操作（反应、冷却、加热、蒸馏、蒸发、萃取、吸收、过滤、结晶和熔解）都会排放废液，生产装置和包装容器的冲洗过程也产生数量可观的废水，其成分主要决定于生产过程中采用的原料以及工艺。工业废水的主要特点如下。

① 水质成分复杂，副产物多，反应原料常为溶剂类物质或环状结构的化合物，增加了废水的处理难度。
② 废水中污染物含量高，这是由于原料反应不完全和原料或生产中使用的大量溶剂介质进入了废水体系所引起的。
③ 有毒有害物质多，精细化工废水中有许多有机污染物对微生物是有毒有害的，如卤素化合物、硝基化合物、具有杀菌作用的分散剂或表面活性剂等。
④ 生物难降解物质多，可生化性差。
⑤ pH 不稳定、废水色度高。

化工废水中的污染物，一种是含有直接对人体和生物有毒性作用的污染物，如：油类污染物不仅对身体有害，还会造成隔绝空气、破坏复氧条件，附着在动植物表面，破坏景观等危害；误食含甲基汞的水，会出现水俣病的症状；用含有 50mg/L 酚类的水灌溉农田，农作物会大量减产甚至枯死；使用罗丹明 B 作为食品添加剂，可能会引起组织生肉瘤；另一种所含污染物不直接造成危害，但导致水中产生色泽、味道、臭味和增加耗氧量，水质恶化，间接损害水生生物的存在，如：水体中营养化有机物质较多，N、P 含量过高，会造成水体富营养化从而导致赤潮；无机无毒物质，如：酸碱盐等，具备破坏自然缓冲能力，抑制微生物生长，妨碍水体自净，使得水质恶化、土壤酸化或盐碱化，腐蚀金属和混凝土材料。

7.1.2.3　化工废渣

化工废渣是化学工业生产过程中生产、加工及辅助生产环节中产生的固体、半固体或泥状废弃物。主要来自未反应或流失的原料，化学反应时产生的不合格产品、中间产品、副产品、废催化剂等，报废的旧设备和化学容器、产品的包装垃圾等，其包括硫酸矿烧渣、电石渣、碱渣、煤气炉渣、磷渣、汞渣、铬渣、盐泥、污泥、硼渣、有机固体废弃物等。化工废渣的主要特点是：废弃物产生和排放量比较大；危险废物种类多，有毒物质含量高；废弃物再资源化可能性大。

7.2　化工"三废"的处理方法

7.2.1　化工废气治理技术

7.2.1.1　吸收法

吸收法是分离、净化气体混合物最重要的方法之一，通过采用适当的液体作为吸收剂，使含有害组分的废气与吸收剂接触，并溶于吸收剂中，使气体得到净化。

根据吸收剂与废气在吸收设备内的流动方向，可将吸收工艺分为以下几类。

（1）逆流操作

即在吸收设备中，被吸收气体由下而上流动，吸收剂由上而下流动，在气、液逆向流动的接触中完成传质过程。

（2）并流操作

被吸收气体与吸收剂同时由吸收设备的上部或下部同向流动。

（3）错流操作

被吸收气体与吸收剂呈交叉方向流动。

在实际的吸收工艺中，一般采用逆流操作。

吸收法具有工艺成熟、设备简单、一次性投资低等特点，而且只要选择到适宜的吸收剂，对所需净化组分可以具有很高的捕集效率。但由于吸收是将气体中的有害物质转移到了液相，因此对吸收液必须进行处理，否则将导致资源的浪费和二次污染。

7.2.1.2　吸附法

吸附法是让废气与比表面积大的多孔性固体物质相接触，由于固体表面上存在着未平衡和未饱和的分子引力或化学键力，当此固体表面与气体接触时，就能吸引废气中的污染物，使其浓集并被吸附在固体表面，达到净化目的。

实用的吸附流程有多种形式，可依据生产过程的需要进行选择。

（1）间歇式流程

一般均由单个吸附器组成，只应用于废气间歇排放，且排气量小、排气浓度较低的情况下。

（2）半连续式流程

此种流程可用于处理间歇排气或连续排气的场合，是应用最普遍的一种吸附流程。流程可由两台吸附器并联组成也可由三台并联组成。

（3）连续式流程

应用于连续排出废气的场合，流程一般均由连续操作的流化床吸附器、移动床吸附器等组成。

吸附法净化效率高，特别是对低浓度气体仍具有很强的净化能力，但吸附剂在使用一段时间后，吸附能力会明显下降甚至丧失，因此要不断地对失效吸附剂进行再生。

7.2.1.3   燃烧法

燃烧净化法是对含有可燃有害组分的混合气体进行氧化燃烧或高温分解，从而使有害组分转化为无害物质的方法。主要应用于烃类化合物、一氧化碳、黑烟等有害物质的净化处理。

（1）直接燃烧

该法是把废气中可燃有害组分当作燃料直接烧掉，直接燃烧是有火焰燃烧，燃烧温度高。火炬燃烧就属于直接燃烧。

（2）热力燃烧

热力燃烧是利用辅助燃料燃烧放出的热量将混合气体加热到一定温度，将可燃的有害物质进行高温分解变为无害物质。

7.2.2   化工废水治理技术

化工产品的废水具有排放量大，水质复杂且污染物含量高，污染物毒性较强，无机物（部分为催化剂）含量较高等特点，从而该类废水的处理比较复杂，其处理方法按处理原理的不同可分为物理法、物理化学法、化学法、生物法。

7.2.2.1   物理处理法

凡是应用物理作用改变废水成分的处理方法称为物理处理法。废水经过物理处理过程后并没有改变污染物的化学本性，而仅使污染物和水分离。在废水处理过程中，常用的物理方处理方法有均化、沉降、气浮、过滤等。这些单元操作过程已经成为废水处理流程的基础。

7.2.2.2   化学处理法

应用化学原理和化学作用将废水中的污染物成分转化为无害物质，使废水得到净化的方法称为化学处理法。污染物在经过化学处理过程后改变了化学本性。处理过程中总是伴随着化学变化。属于化学处理法的单元操作过程有中和、混凝、氧化和还原等。

7.2.2.3   生物处理法

生化处理是利用微生物的代谢作用氧化、分解、吸附废水中可溶性的有机物及部分不溶性有机物，并使其转化为无害的稳定物质，从而使水得到净化。在现代的生物处理过程中，好氧生物氧化和厌氧消化降解被广泛应用。

7.2.3   化工废固处理技术

工业废渣的处理方法，可分为物理法、物理化学法和生物法三大类。物理法包括压实、破碎、分选；化学法包括热降解、转换利用；生物法包括堆肥法和厌氧发酵法。本项任务是完成均苯四甲酸装置废渣处理技术的介绍，其中包括压实法和转换利用法。

7.2.3.1   压实技术

压实是一种通过对废物实行减容化，降低运输成本、延长填埋场寿命的预处理技术。如汽车、易拉罐、塑料瓶等通常首先采用压实处理。

7.2.3.2　破碎技术

为了使进入焚烧炉、填埋场、堆肥系统等废弃物的外形尺寸减小，必须预先对废渣进行破碎处理。废渣的破碎方法很多，主要有冲击破碎、剪切破碎、挤压破碎、摩擦破碎等，此外还有专用的低温破碎和湿式破碎等。

7.2.3.3　分选技术

分选是实现废渣资源化、减量化的重要手段，通过分选将有用的充分选出来加以利用，将有害的充分分离出来；另一种是将不同粒度级别的废弃物加以分离。分选包括手工捡选、筛选、重力分选、磁力分选、涡电流分选、光学分选等。

7.2.3.4　固化处理技术

固化技术是通过向废渣中添加固化基材，使有害固体废渣固定或包容在惰性固化基材中的一种无害化处理过程。经过处理的固化产物应具有良好的抗渗透性，良好的机械特性，以及抗浸出性、抗干湿、抗冻融特性。这样的固化产物可直接在安全土地填埋场处置，也可用做建筑的基础材料或道路的路基材料。固化处理根据固化基材的不同可以分为水泥固化、沥青固化、玻璃固化、自胶质固化等。

7.2.3.5　焚烧和热解技术

焚烧法是废渣高温分解和深度氧化的综合处理过程。好处是把大量有害的废料分解而变成无害的物质。由于废渣中可燃物的比例逐渐增加，采用焚烧方法处理废渣，利用其热能已成为必然的发展趋势。热解是将有机物在无氧或缺氧条件下高温加热，使之分解为气、液、固三类产物。

7.2.3.6　生物处理技术

生物处理技术是利用微生物对有机固体废物的分解作用使其无害化。可以使有机废渣转化为能源、食品、饲料和肥料，还可以用来从废品和废渣中提取金属，是固体废物资源化的有效的技术方法。目前应用比较广泛的有：堆肥化、沼气化、废纤维素糖化、废纤维饲料化、生物浸出等。

7.3　均酐装置"三废" 处理工艺

7.3.1　均酐装置废气处理工艺

大气中污染物质的浓度达到了有害程度以致破坏生态系统和人类生存和发展的条件，对人和物造成危害的现象即为大气污染，目前我国的化工生产过程中会排放出大量含有污染物质的气体，造成相当大的大气污染，随着绿色、环保等理念的推行，清洁生产在化工中的推广越来越普遍。本任务环节需要学员了解化工废气的组成，降低其危害，保护生态环境是实训传递给学员的信息，通过该任务的训练，让学员具备环境保护的意识，学会用所学知识解决化工废气的危害。

均酐装置废气主要来自：氧化工段中均四甲苯与过量的空气混合后经氧化反应器催化氧化生成均酐及少量副产物，其中少量均四甲苯深度氧化生成二氧化碳和水，反应生成气在四个捕集器中逐步冷却凝华，粗酐产品以固体形式收集，未凝华的杂质以气态形式排出；蒸汽锅炉在使用过程中会产生有害的气态物质，虽然相对工段废气量而言锅炉废气排放量较少，但这些物质直接排放到环境中，会使生态环境破坏，人畜生活受到危害。

均酐装置运行过程中产生的这些有毒有害的气态废弃物，需处理后才能放空，废气中大多数杂质可溶于水，根据废气组成的不同，废气处理工艺略有差别。

7.3.1.1　第四捕集器尾气处理工艺

第四捕集器尾气主要由酸酐类有机物组成，该类有机物均能溶于水，故而选择用水做吸收剂逆流吸收来处理该尾气。吸收装置为三层湍球吸收塔，结合填料塔和筛板塔两种工艺的优势，水从塔顶喷洒下来，热尾气从下而上进入，与水接触反应，在筛板上添加湍球，使得尾气中的有机物大部分结晶在球上，抑制其在筛板上结晶，从而延长吸收塔的使用时间。通过控制塔低吸收液浓度在 $8\sim9\mathrm{g/L}$，可使得塔顶尾气排放浓度达到 $<120\mathrm{mg/m^3}$ 的排放标准。水洗塔如图 7-1 所示。

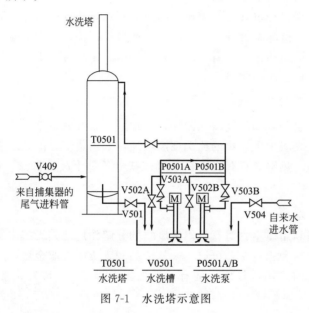

图 7-1　水洗塔示意图

7.3.1.2　锅炉尾气处理工艺

锅炉废气中含有二氧化硫、一氧化碳、氮氧化物等有害物质，对其的处理采取水膜除尘法，用水吸收其中的二氧化硫、氮氧化物，粉尘经过滤膜阻隔，尾气净化后排空。

7.3.2　均酐工艺废水处理工艺

随着生产技术的高速发展，化工产品生产过程对环境的污染日益加剧，对人类健康的危害也日益普遍和严重，其中特别是精细化工产品（如制药、染料、日化等）生产过程中排出的有机物质，大多都是结构复杂、有毒有害和生物难以降解的物质，使得化工废水拥有极高的 COD、高盐度、对微生物有毒性。本任务需要学员了解化工废水的组成，掌握废水的处理技术，并能够对训练中心装置产生的废水进行分析，理解实际处理的工艺。

7.3.2.1　均酐装置废水来源

均酐装置中产生的废水包括以下两部分。

（1）均酐生产工艺废水

① 水洗塔水洗液：氧化反应尾气约有 2%产物、副产物进入水洗塔。

② 水解母液：氧化工段粗产品，根据产品质量不同，需进行一次或多次水解，一般第一捕集器产品需水解一次，第二捕集器需水解二次，第三捕集器需水解三次。第一捕集器产品的水解母液可用于第二捕集器、第三捕集器水解，以减少废水。水解过程中按（4～4.5）∶1 水量对产品进行水解，故而会产生大量的酸性废水。

③ 锅炉废水：锅炉尾气经处理后排空，有害物质转移到水中，至污水处理系统中集中处理。

④ 冲洗、冷凝水：在氧化和水解工段多处使用到蒸汽，蒸汽放热后转化为冷凝水进入废水系统；氧化和水解工段操作时，会抛洒出一部分的产品至地面，这些都靠水冲离地面。

（2）其他废水

生活污水：厂区除了工艺废水外，还有一大部分是生活中产生的废水。

均酐装置产生的废水，成分复杂，大多数杂质不可降解，对环境污染大，需经过多重处理后才能排放到环境中去。其处理工艺的流程示意图如图 7-2 所示。

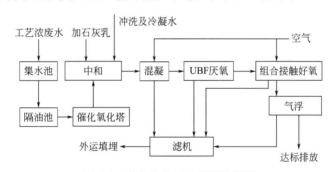

图 7-2　废水处理工艺流程示意图

7.3.2.2　废水的物化处理工艺

（1）均化

废水在进入污水系统前，需进行水质的均化处理。均化可以提高废水的可处理性，同时调节水量和水质，减少在后续生化处理过程中可能产生的冲击负荷，稳定 pH 值。均化方法比较简单，本工艺设置了集水井和集水池，用它来调节水量和水质。

（2）隔油

工艺废水中含有相当部分的不溶于水的油类化合物，在集水池后增加隔油池，利用油水分离作用，减少废水 COD 含量，同时保证后续催化氧化工艺效果。池内平均流速为0.002～0.01m/s，停留时间为 2～10min，排油周期一般为 5～7 天。

（3）催化氧化

均苯四甲酸工艺废水中溶解的有害物质大多为不可降解物质，在本单元，利用它们的氧化特性，用催化剂使其氧化，将不可降解物质转化为可降解物质、大分子物质转化为小分子物质。在去除废水中 COD 的同时，进一步提高废水的可生化性，有利于后续生化处理。

（4）中和

均苯四甲酸工艺的废水含酸量在 3%～4%以下，需进行中和处理才能排放。工艺采用石灰乳做中和剂，石灰乳使用量约为废水量的 1%（高浓废水），调节后的废水的 pH 值为中性，COD 去除率约为 60%。

（5）混凝

均苯四甲酸工艺中冲洗水及生活水由于某些操作过程会产生大量的悬浮物，在本单元采用混凝技术，在废水中添加混凝剂，将上述的悬浮物与有机大分子混凝沉淀，减少废水COD值，提高废水的可生化性，同时保证水体的稳定性。

（6）加药气浮

加药气浮法是向废水中通入大量微细气泡，使水中的微小颗粒及油珠相互黏附其上，并利用气泡与水之间的密度差，借气泡上升的速度强行使其上浮，形成泡沫-气、水、颗粒三相混合体，通过收集泡沫和浮渣达到分离杂质、净化废水的目的。

7.3.2.3　废水的生化处理工艺

（1）厌氧工艺

① 概述。在无氧条件下进行的生物处理称为厌氧生物处理。厌氧生物处理是一直普遍存在于自然界的微生物过程。凡是有水和有机物存在的地方，只要供氧条件不好并且有机物含量较多，都会发生厌氧发酵现象，使有机物经厌氧分解生成甲烷、二氧化碳和硫化氢等气体。

② 工艺特点。厌氧处理法是一种有效去除有机污染物并使其矿化的技术，它将有机物转变为甲烷和二氧化碳，其工艺特点如下：

a. 适合于处理高/中浓度的污水（COD＞1000mg/L）；

b. 处理污水所需反应器的体积小；

c. 处理能耗低，为好氧处理的 10%～15%；

d. 污泥产量小，为好氧处理的 10%～15%；

e. 对营养物需求低。

在处理有机物过程中，厌氧工艺仅仅是一种预处理，需要再次处理去除水中残余有机物。

③ 具体工艺。本工艺拟采用具有良好污泥滞留效果的复合厌氧反应器（UBF）。该反应器将 UASB 与 AF 相结合，厌氧滤池置于污泥床上部，减少了填料的厚度，滤池上部为三相分离器，在池底布水系统与填料层之间留出一定空间，以便悬浮状态的絮状污泥和颗粒污泥在其中生长、积累。本工艺不采用中温发酵，而是常温发酵，采取保温措施，减少散热，尽量提高厌氧发酵温度。

（2）好氧工艺

① 概述。废水经 UBF 厌氧处理后，继续进行好氧处理。好氧生物处理是在有游离氧存在的条件下，好氧微生物降解有机物，使其稳定、无害化的处理方法。微生物利用废水中存在的有机污染物（以溶解状与胶体状的为主）作为营养源进行好氧代谢。

② 工艺特点。好氧生物处理法远比厌氧处理法 COD 去除率高，其工艺特点如下：

a. 适合处理中、低浓度的有机废水（COD＜500mg/L）；

b. 反应速率较快，所需的反应时间较短；

c. 处理构筑物容积较小；

d. 处理过程中散发的臭气较少；

e. 好氧生物处理法 COD 去除率可达85%～95%，配合厌氧处理法使用可确保废水达标排放。

③ 具体工艺。在参考现有好氧工艺的前提下，开发了新型废水好氧处理反应器。该系统集活性污泥法和接触氧化法两者之优点，能为不同微生物创造降解有机物的最适宜环境，具有处理负荷高、运行成本低、出水水质稳定、操作方便及基建投资少等诸多优点。最后废水经过二次沉淀区，待泥水分离后，废水即可送入气浮装置进行深度处理。